ÉTUDE

DES

TUFS DE MONTPELLIER

AU POINT DE VUE

GÉOLOGIQUE ET PALÉONTOLOGIQUE

PAR

G. PLANCHON

Docteur ès-Sciences,

Professeur-Agrégé à la Faculté de Médecine de Montpellier, Ex-Professeur de Botanique à l'Académie de
Lausanne, Membre de la Société d'Horticulture et de Botanique de l'Hérault, de la Société Vaudoise
des Sciences Naturelles, etc.

PARIS

SAVY, LIBRAIRE-ÉDITEUR, RUE HAUTEFEUILLE, 24

MONTPELLIER

BOEHM ET FILS, IMPRIMEURS, PLACE DE L'OBSERVATOIRE.

—

1864

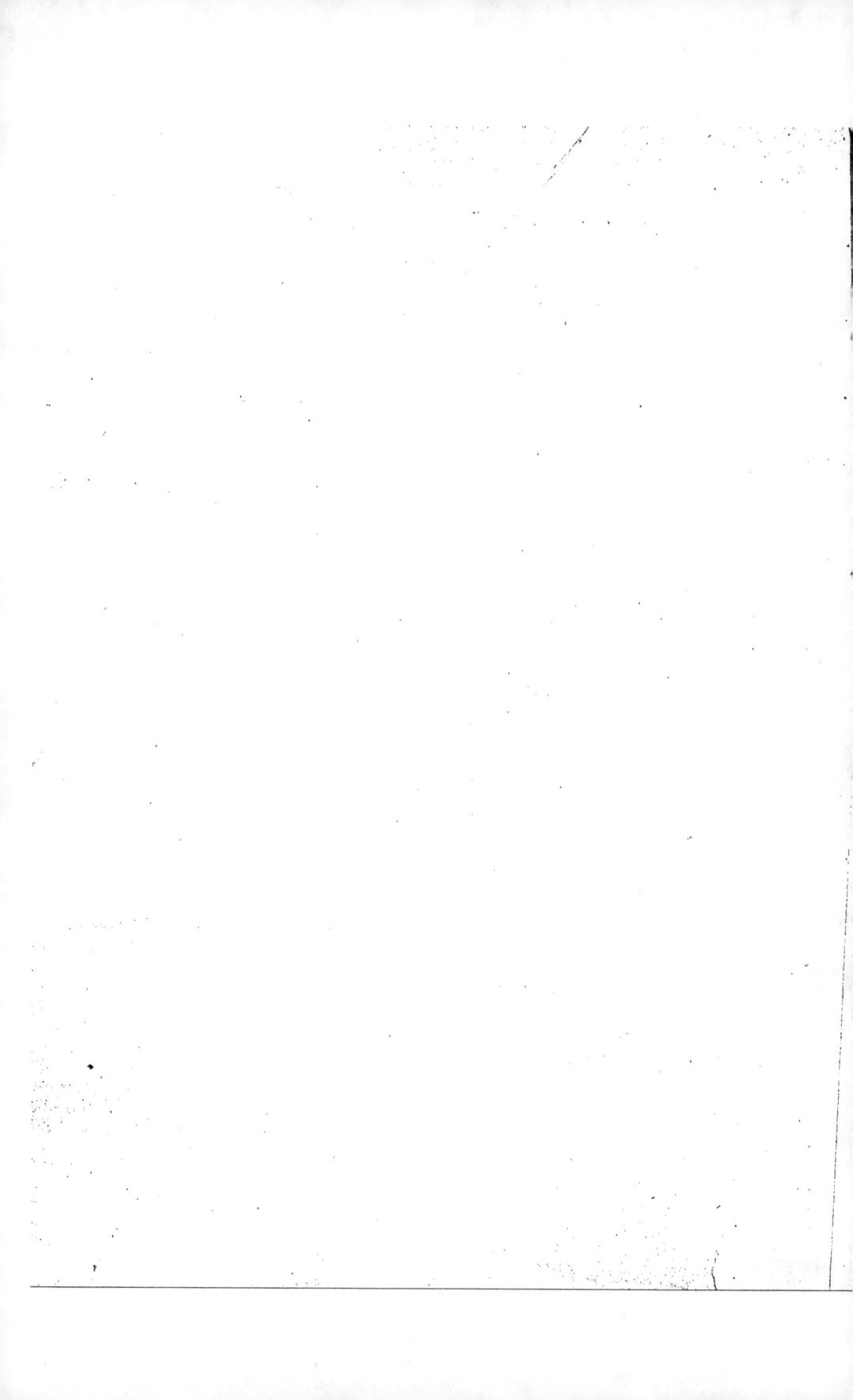

ÉTUDE

DES

TUFS DE MONTPELLIER

AU POINT DE VUE

GÉOLOGIQUE ET PALÉONTOLOGIQUE

PAR

G. PLANCHON

Docteur ès-Sciences,

Professeur-Agrégé à la Faculté de Médecine de Montpellier, Ex-Professeur de Botanique à l'Académie de
Lausanne, Membre de la Société d'Horticulture et de Botanique de l'Hérault, de la Société Vaudoise
des Sciences Naturelles, etc.

PARIS

SAVY, LIBRAIRE-ÉDITEUR, RUE HAUTEFEUILLE, 24

MONTPELLIER

BOEHM ET FILS, IMPRIMEURS, PLACE DE L'OBSERVATOIRE.

—

1864

A MON ONCLE

M. Jules PAGEZY,

Officier de la Légion d'Honneur, Député au Corps législatif, Maire de la ville de Montpellier, Membre de l'Académie des Sciences et Lettres de Montpellier, de la Société centrale d'Agriculture de l'Hérault, de l'Académie du Gard, etc., etc.

*Témoignage de reconnaissance
et de respectueuse affection.*

G. PLANCHON.

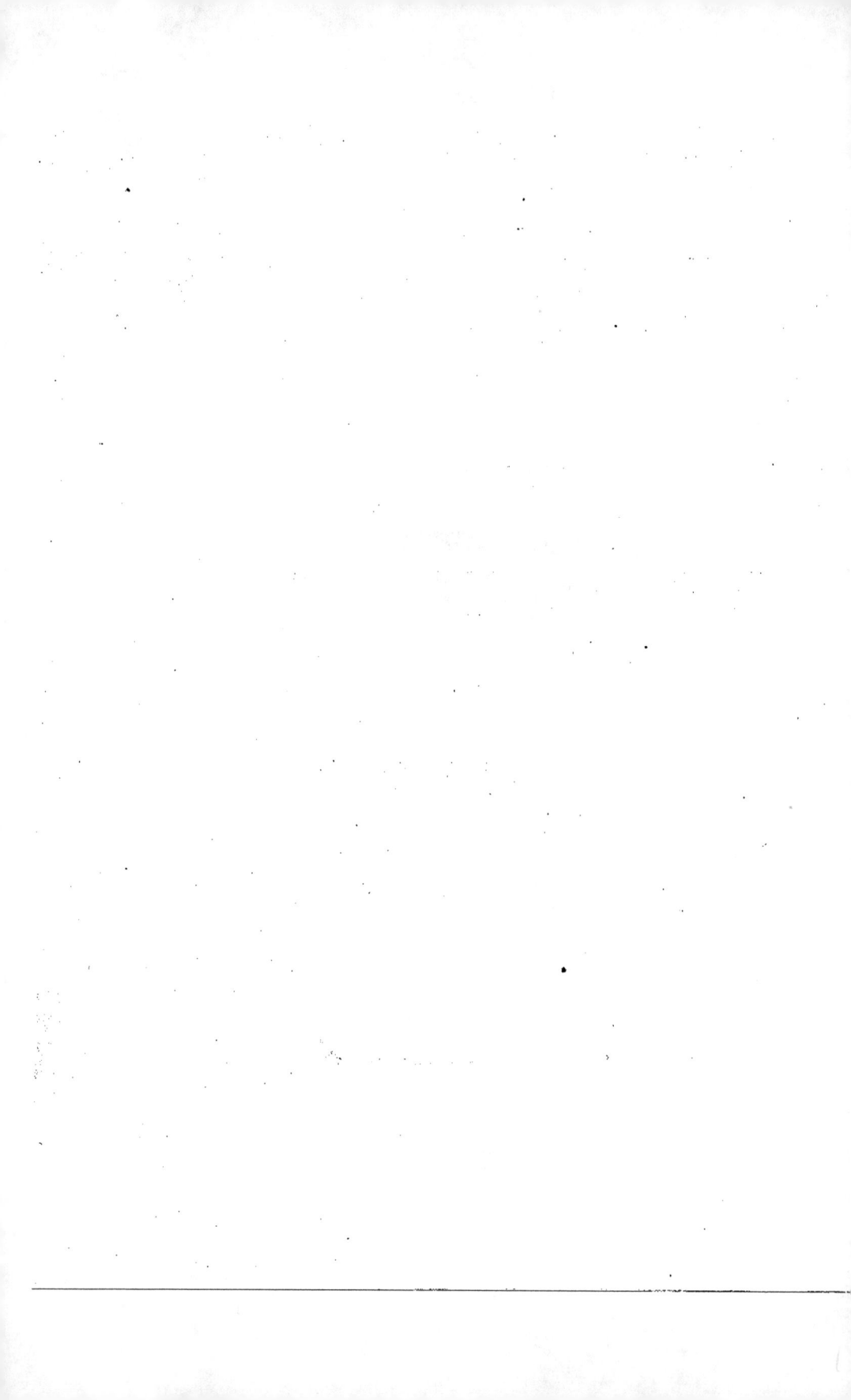

A MONSIEUR

Ch.-Th. GAUDIN,

Docteur en philosophie, Directeur du Musée industriel de Lausanne, Membre de la Société
Helvétique des Sciences naturelles, etc., etc.

A MONSIEUR

Paul De ROUVILLE,

Chargé du cours de Géologie et de Minéralogie à la Faculté des Sciences de Montpellier,
Membre de l'Académie des Sciences et Lettres de Montpellier, etc., etc.

G. PLANCHON.

AVANT-PROPOS

Malgré la différence de leurs titres, les deux mémoires que je présente à l'appréciation de la Faculté se relient l'un à l'autre et se complètent mutuellement. Tous les deux répondent au même problème : l'un, en constatant l'état de la végétation de Montpellier avant toute intervention probable de l'homme ; l'autre, en indiquant les modifications de cette flore dans une période historique bien déterminée.

Lorsque j'ai commencé, en 1856, à rassembler les fossiles végétaux des tufs de Montpellier, je croyais m'en tenir à une simple étude de géographie botanique et de paléontologie végétale. Mon sujet s'est modifié depuis. J'ai rencontré des questions de géologie pure et de zoologie qui m'ont paru intéressantes ; je n'ai pas cru devoir les éluder. Il en résulte un travail complexe, pour lequel je sollicite d'autant plus la bienveillance qu'il m'a souvent entraîné en dehors de mes études ordinaires.

J'ai rencontré chez plusieurs de mes amis des encouragements précieux : M. Ch. Gaudin m'a aidé de ses sages conseils ; M. Paul de Rouville a bien voulu confirmer de son autorité si légitime mes observations sur quelques points obscurs de géologie ; M. Dubrueil a déterminé lui-même toutes les coquilles que j'ai pu recueillir ; enfin, M. Jules de Seynes a mis à mon service son talent de dessinateur pour la troisième planche de ce mémoire. Je suis heureux de pouvoir leur exprimer à tous ma vive reconnaissance.

ÉTUDE

DES

TUFS DE MONTPELLIER

AU POINT DE VUE

GÉOLOGIQUE ET PALÉONTOLOGIQUE

INTRODUCTION

Coup d'œil géologique. — Objet et plan du travail.

Avant d'aborder en détail l'étude des tufs de Montpellier, je crois devoir décrire rapidement l'ensemble des formations géologiques avec lesquelles ces tufs affectent de nombreux rapports. Les mémoires variés de Marcel de Serres, les recherches paléontologiques de M. de Christol et de M. Gervais, l'étude de M. Taupenot sur nos terrains d'eau douce, ont éclairé les divers points de la région qui va nous occuper. M. de Rouville nous en a tracé le tableau complet dans sa *Description géologique des environs de Montpellier*. Je ne saurais mieux faire que de résumer ici les résultats de ces travaux importants, en laissant à leurs auteurs le mérite comme la responsabilité de leurs opinions.

La région naturelle à laquelle j'ai restreint mes explorations est celle du bassin du Lez, principal cours d'eau de notre voisinage. Elle a pour

limites : à l'Ouest, une courbe dont les principaux jalons sont, à partir
de la mer, Villeneuve, Pignan, Montarnaud, Puéchabon, Murles et
Viols-le-Fort ; à l'Est, une série de petites collines, parallèle au cours du
Salaison et passant par le Crès, Jacou, Viviers, Assas et Saint-Mathieu-
de-Tréviès. Elle est bornée au Midi par la mer ; au Nord, par le pic de
Saint-Loup, barrière naturelle des affluents de notre modeste fleuve.

Deux zones géologiques d'âge différent occupent cet espace. La plus
méridionale s'est déposée sous les eaux de la mer tertiaire ; l'autre est
essentiellement composée de terrains jurassiques, entourant une formation d'eau douce qui représente, dans notre localité, le tertiaire inférieur
ou éocène.

La zone du tertiaire marin constitue la partie la plus basse de nos
environs. C'est une vaste surface étendue jusqu'à la plage et accidentée çà
et là par des plateaux et des collines de hauteur moyenne. Elle forme une
espèce de golfe s'avançant dans la direction du N.-O., et limité à l'Ouest et
au Nord par une courbe de terrains jurassiques, dont une des branches,
formée par la Gardiole, s'appuie aux rivages de la Méditerranée, tandis
que l'autre s'en éloigne sensiblement en courant de l'Ouest à l'Est.

Le fond de cette sorte de golfe est particulièrement occupé par les
roches caractéristiques de notre tertiaire moyen, savoir :

Un calcaire grossier, blanc, pétri de coquilles marines (calcaire
moellon de Marcel de Serres), et des argiles bleues, où s'intercalent parfois des couches de grès brunâtres avec empreintes végétales [1].

La partie la plus méridionale de cette zone, celle qui s'étend jusqu'au
contact des dunes, est formée des sables marins supérieurs de Montpellier. Ce sont des grès jaunâtres, plus ou moins cohérents, depuis longtemps cités pour leurs nombreux fossiles vertébrés. La ville est tout entière bâtie sur cette formation.

La seconde zone, foncièrement composée de terrains secondaires, est
beaucoup plus large que la précédente. Déjà apparente à l'Ouest et au Nord

[1] Les fossiles végétaux les plus abondants sont des *Cinnamomum*. J'y ai trouvé une espèce
nouvelle de Pin, un Aune, un *Juglans*, etc., etc.

à 2 ou 3 kilomètres de la ville ; elle s'étend jusqu'aux limites septen-
trionales du bassin du Lez. Elle les dépasse même, en se rattachant directement à la vaste ceinture de terrains secondaires et triasiques jetée
autour des schistes siluriens et du granit des Hautes-Cévennes. Mais cette
zone n'a point toute sa surface à découvert ; sa partie moyenne, fortement
déprimée, formait, dès les premiers temps de la période tertiaire, le lit
d'un vaste lac, dont les dépôts recouvrent et masquent aujourd'hui le fond
primitif.

Cette formation d'eau douce, ainsi intercalée au milieu de terrains plus
anciens, présente des roches de nature bien diverse. On y voit :

Un calcaire, habituellement d'un blanc mat, rappelant par sa texture
et sa couleur certaines roches jurassiques ;

Des marnes de couleurs variées, blanches, rouges, ocreuses ou noirâtres ;

Des grès grossiers, plus ou moins ocreux, avec nombreux fragments de
quartz ;

Ou bien encore des poudingues à éléments calcaires, cimentés par
une pâte marneuse rougeâtre.

Les terrains secondaires du bassin du Lez étaient partagés par les eaux
du lac tertiaire en deux bandes d'inégale largeur. La plus méridionale est
très-étroite, si ce n'est à l'Ouest, où elle s'élargit un peu pour gagner les
rivages de la Méditerranée. Sur aucun point elle ne s'élève au-dessus de
100 mètres d'altitude ; elle s'abaisse même en un point de son trajet de
manière à disparaître sous les terrains plus récents.

La bande septentrionale, beaucoup plus large que la précédente,
n'a pas de solution de continuité. Son point culminant atteint 660 mètres : c'est le sommet du pic de Saint-Loup.

Le calcaire compacte domine dans tous ces terrains secondaires, tant
néocomiens que jurassiques (corallien, oxfordien, oolithe, lias). Les
roches plus friables sont rares : on y trouve seulement quelques calcaires
marneux néocomiens, et, en un point fort limité, des marnes supra-
liasiques.

Toutes ces formations sont quelquefois enchevêtrées de manière à dérouter le géologue. M. de Rouville signalait, avec raison , ces difficultés toutes locales , lorsqu'il écrivait dans sa *Description géologique des environs de Montpellier :* « A cette première difficulté , provenant de l'obscurité du relief, s'en joint une seconde toute pétrographique non moins regrettable : c'est l'absence à peu près complète de marnes, qui entraîne avec elle, comme conséquences immédiates, l'extrême rareté et le mauvais état des fossiles , et en même temps l'absence de lignes de moindre résistance, indices si certains des lignes de contact. En effet, toute nature de terrain exclusivement calcaire , comme est la nôtre , est impropre à fournir au géologue le secours et l'agrément de fossiles nombreux , en même temps qu'elle donne lieu à des plateaux sans fin , dépourvus de combes et de vallées ; il en résulte le plus souvent que les limites des différentes formations disparaissent, en sorte qu'on se trouve, insensiblement et sans s'en douter , sur les terrains les plus distincts. Ce mode de gisement par *juxtaposition* est encore compliqué par des similitudes de nature et d'aspect affectées par des roches d'âge différent, qui constituent de véritables ménechmes géologiques....»

Et à mesure qu'il pénètre davantage dans l'examen de ces localités obscures de nos environs , notre savant géologue est de plus en plus frappé des difficultés exceptionnelles présentées par les formations de tous les âges. Nous aurons lieu de nous en apercevoir dans l'étude des terrains diluviens.

Les phénomènes si obscurs de la période quaternaire se sont passés sur les deux zones entre lesquelles nous venons de partager le bassin du Lez. On y rapporte généralement des dépôts opérés dans des circonstances bien diverses :

1° Au sud-ouest de la région , et aussi en quelques autres points isolés, on voit un vaste revêtement de quartzites arrondis ou ellipsoïdaux, qui atteint parfois une épaisseur de 8 à 10 mètres. La position et le niveau de dépôt de ces galets ne paraissent nullement en rapport avec leur volume ; les plus gros occupent souvent les points les plus élevés. Ils se relient aux dépôts caillouteux de la Crau et de la vallée du Rhône jusqu'à Lyon; et se rapportent au *diluvium alpin* des auteurs.

2° Le limon rougeâtre, mêlé d'ordinaire aux cailloux du diluvium, peut former à lui seul un gisement indépendant, qui recouvre la plupart de nos plateaux. Il est associé quelquefois à des fragments de quartz et de silex, mais non plus à des galets de quartzites. Ce limon est de même nature que la terre argilo-calcaire qu'on rencontre sur les formations jurassiques des Cévennes, et qui va augmentant d'épaisseur jusqu'au contact des schistes et des granits du plateau central.

3° C'est aussi la même argile qui constitue la gangue des brèches osseuses et les couches fossilifères des cavernes à ossements. De nombreuses fentes en ont été remplies dans les limites de notre région, et les os fossiles des deux cavernes de Bourgade et de Lavalette en sont également enveloppés.

4° A côté de ces dépôts opérés par voie de transport, il s'est produit dans la même période des masses considérables de tuf, qui s'étendent à la fois sur les deux zones géologiques de la région, sans affecter de préférence pour l'une ou l'autre.

L'objet de notre travail est d'étudier ces derniers dépôts avec toute l'attention qu'ils méritent.

Leur nature exceptionnelle, leur aspect contrastant avec celui des terrains qui les entourent, durent frapper de bonne heure les observateurs. Aussi, vers la fin du siècle dernier (1777), de Joubert[1] mentionne-t-il déjà les monticules de Castelnau comme une formation d'eau douce. Il y signale en même temps de nombreux fossiles végétaux, dont il a parfaitement déterminé quelques-uns.

Ce n'est cependant qu'en 1818 que Marcel de Serres[2] indique avec quelques détails la position et la nature des tufs de Castelnau. Il en reconnaît avec soin les fossiles animaux. Quant aux nombreux débris de plantes, il ne fait guère que les signaler, hasardant quelques déterminations, la

---

[1] Assemblée publique de la Société des sciences de Montpellier, 1777, pag. 22-24.

[2] Marcel de Serres; Mémoire sur les terrains d'eau douce des environs de Montpellier. (Journal de physique, tom. LXXXVII, pag. 172-173.)

plupart fort douteuses et, en somme, beaucoup moins exactes que celles de de Joubert.

Marcel de Serres n'avait fait connaître que les tufs de Castelnau. M. Taupenot[1] en indique deux nouveaux gisements: l'un s'étendant de Baillarguet au point qu'il appelle le Chau du Gasconnet, l'autre formant la petite plaine où est située Lavalette. Il propose en outre, sur le mode de dépôt de ces terrains, une hypothèse que nous aurons occasion de discuter en détail.

Dans son remarquable travail sur les terrains de Montpellier, M. de Rouville[2] n'a pu s'arrêter longtemps à l'étude d'une formation aussi limitée. Il mentionne cependant deux nouveaux dépôts: l'un auprès de Clapiès, l'autre dans la plaine de Fontcouverte; il fournit en outre, pour la détermination de l'âge relatif des tufs, quelques éléments qui méritent une attention spéciale.

Ces travaux successifs ont apporté des matériaux précieux pour l'étude des tufs de Montpellier; ils laissaient cependant d'importantes lacunes à combler et des questions douteuses à examiner de plus près. L'étude des fossiles végétaux était encore à faire ; je m'y suis attaché de préférence dans ce travail. La délimitation précise des tufs laissait beaucoup à désirer; j'ai tâché d'en fixer exactement les bornes. L'explication donnée jusqu'à aujourd'hui de leur origine me paraissait discutable, j'ai dû aborder aussi cette question, et, pour la mieux résoudre, j'ai étudié comparativement aux tufs anciens les formations analogues dont les environs de Montpellier nous offrent des exemples.

Bien des sources de notre région sont encore chargées de carbonate calcaire, au point d'incruster rapidement les canaux qui les conduisent.

M. le docteur Rousset, préparateur à la Faculté des sciences, a tout récemment déterminé par des procédés rigoureux, la quantité de bicarbonate de chaux contenue dans les eaux des sources de Saint-Clément et

[1] Mémoire sur les terrains en général, et en particulier sur le terrain d'eau douce des environs de Montpellier. Dijon, 1851, pag. 118.
[2] Description géologique des environs de Montpellier. Montpellier, 1853.
[3] Étude chimique des eaux potables de Montpellier. Montpellier, 1862.

du Lez, dont le mélange sert à l'usage journalier de la population montpelliéraine. La première en contient $0^{gr},27$ par litre, la seconde $0^{gr},32$. Après
s'être mêlées dans un réservoir commun, ces eaux sont conduites à Montpellier par un aqueduc couvert, de 13 kilomètres de longueur, dont le sol
est formé de plans horizontaux disposés en gradins, de telle façon que l'eau
n'avance que lentement et par une série de petites chutes. A partir de 2
kilomètres du réservoir de mélange, elle dépose de nombreuses concrétions solides, ce qui fait qu'à son point d'arrivée elle ne contient plus de
bicarbonate de chaux que $0^{gr},20$ par litre. Dans les canaux de distribution,
il s'opère encore un dépôt considérable. M. Rousset, comparant l'eau de
la fontaine de la Canourgue à celle du faubourg Boutonnet, à 1 kilomètre
environ de la première, a trouvé entre les deux une différence de 8 mil-
ligrammes de résidu fixe par litre.

Mais une des sources les plus chargées de calcaire de nos environs est
celle qui jaillit auprès du pont de la Cadoule, et dont l'eau est conduite
par un aqueduc couvert de plus de 8 kilomètres de longueur jusqu'au
château de Castries. M. Pons, préparateur à l'École supérieure de phar-
macie, que nous avons prié de vouloir bien doser le bicarbonate de
chaux qu'elle contient, en a trouvé 48 centigrammes par litre.

A son point d'émergence, près de la source, l'eau peu agitée ne produit aucune incrustation calcaire, ni sur les parois, ni sur le fond de
son bassin. Sa vitesse dans l'aqueduc est très-variable; ici de $0^m,10$
seulement par seconde, ailleurs de $0^m,27$ au moins. Les dépôts de tuf
qui revêtent les parois du canal sont d'autant plus abondants que l'eau
s'écoule plus vite; leur formation est sur certains points très-rapide; j'ai
vu des portions de tiges vivantes de graminées annuelles, à peine âgées
de 5 à 6 mois, recouvertes d'une couche calcaire de 5 millimètres d'épaisseur. Le tuf déposé sur les parois est le plus souvent compacte, sans
cavernes et sans cellules et simplement poreux; d'abord de consistance
terreuse, il devient par son séjour dans l'eau dur et résistant, et finit par
prendre toute l'apparence de l'albâtre calcaire.

Dans le parc de Castries, une partie de l'eau se déverse sur des masses
tuffacées disposées en gradins irréguliers, et tombe ainsi par petites cascades. Les parois de ces massifs augmentent rapidement d'épaisseur.

L'intendant du château, observateur intelligent, m'a assuré qu'en huit ans elles s'étaient avancées de 60 centimètres.

Tout un petit monde vit dans ces chutes d'eau. Des touffes de mousse y prospèrent et impriment aux masses tuffacées des formes caractéristiques, importantes à étudier : les fougères qui se plaisent aux bords des eaux y sont saisies encore vivantes par les dépôts calcaires ; des phanérogames y enfoncent leurs racines dans la mousse humide ou les laissent se développer en cordons pendants, qui deviennent l'axe de minces et longues stalactites. Des mollusques, des annélides et des larves d'insecte trouvent leur nourriture dans les débris de tout genre entraînés par les eaux. La plupart de ces animaux ne laissent aucune trace de leur passage ; d'autres se construisent des abris qui persistent longtemps après eux ; c'est ainsi qu'une larve de phryganide, que j'ai découverte dans cette localité, s'y établit dans des tubes immobiles, rapidement incrustés par les tufs, et donnant aux blocs qui les contiennent une structure tubulaire très-spéciale[1].

Des feuilles, entraînées par les eaux ou portées par les vents, s'appliquent sur les parois de la cascade et se recouvrent rapidement de calcaire ; mais, en même temps qu'elles s'incrustent, elles subissent une sorte de macération qui, détruisant à moitié le parenchyme de leur limbe, fait d'autant mieux ressortir tous les détails de la charpente fibreuse. De là, des empreintes parfaitement nettes, reproduisant exactement la distribution des plus fines nervures. L'effet de cette macération est d'autant plus marqué que les feuilles sont plus membraneuses. Les feuilles coriaces, telles que celles du lierre et du laurier, y échappent presque complètement.

Ces sources calcarifères, si précieuses pour l'étude comparative des formations actuelles et des formations anciennes, n'ont aujourd'hui qu'une action bien restreinte dans la région de Montpellier. Autrefois, au contraire, les eaux déposaient des masses énormes de concrétions calcaires. Elles devaient donc être chargées d'une quantité considérable d'acide carbonique, dont on ne s'expliquerait pas l'origine, si l'on ne tenait compte du caractère volcanique de nos environs.

[1] Voir plus loin, à l'Appendice.

La butte de Montferrier, au pied de laquelle coule le Lez et qui domine toute la région des tufs, est formée de basaltes et de laves. Des points plus restreints, marqués çà et là sur la Carte de M. de Rouville, attestent l'étendue de l'action ignée autour de ce centre. Une petite coulée a été signalée tout récemment par MM. Paul Cazalis de Fondouce et Riban, auprès du massif des tufs du Gasconnet; enfin, les travertins de la plaine de Fontcouverte sont placés entre la zone volcanique de Montferrier et celle de Valmargues, près de Grabels, qui n'est pas moins importante.

Nous venons de faire connaître la région sur laquelle s'étendent les tufs; abordons maintenant l'étude spéciale de ces formations, en nous occupant successivement :

1º De leur description et de leurs rapports avec les terrains environnants;

2º Des fossiles animaux et végétaux qu'elles renferment ;

3º Des conclusions générales qui se déduisent logiquement des faits observés.

Ce sera l'objet d'autant de chapitres spéciaux.

CHAPITRE PREMIER

Description des TUFS.

Les tufs des environs de Montpellier sont presque tous groupés dans la vallée du Lez. Un seul massif un peu considérable, celui de la plaine de Fontcouverte, en est séparé par les collines de la Colombière. Les autres forment, depuis Baillarguet jusqu'à Sauret, une série de dépôts irréguliers et d'étendue très-différente. Les plus considérables, et aussi les plus importants par les fossiles qu'ils renferment, se développent, autour du village de Castelnau, sur une surface horizontale de 100 hectares au moins, et, dans le voisinage du Gasconnet, sur une aire d'environ 23 hectares. Le dépôt qui termine la série du côté du Nord, moins riche en fossiles, est presque aussi étendu en surface que celui du Gasconnet.

On peut suivre à distance les contours de chacun de ces massifs, qui se dessinent d'ordinaire en relief sur les terrains environnants. Dans la plaine, ils forment de petites élévations à pentes doucement inclinées, ou des monticules qui atteignent 20 à 30 mètres de hauteur. Sur les flancs des collines, ils se distinguent nettement des couches sous-jacentes par la direction de leur surface, beaucoup plus rapprochée du plan horizontal.

Les cours d'eau, attaquant facilement les éléments minéralogiques de cette formation, y ont produit des coupes naturelles qui facilitent les recherches du géologue : de nombreux chemins creusés dans toutes les directions en mettent aussi les couches à nu et permettent de saisir leurs rapports avec les terrains environnants.

Rien n'est plus facile à établir que les relations du tuf avec les étages tertiaires ou secondaires. Il repose directement, tantôt sur les sables marins supérieurs, rarement sur le miocène, très-souvent sur la formation lacustre éocène. Au niveau de la campagne Vialars et du village de Castelnau, il s'est déposé sur les calcaires jurassiques ; du côté du Martinet, il confine aux terrains néocomiens ou repose directement sur eux.

Ses rapports avec les autres éléments de la période quaternaire sont, au contraire, des plus obscurs. Ni les indications des auteurs, ni l'observation directe ne m'ont encore permis de résoudre cette question litigieuse. Je me bornerai donc à donner ici tous les éléments de la discussion.

Marcel de Serres regarde la formation des tufs « comme le dernier dépôt de ce genre qui ait eu lieu sur le globe, puisque ce dépôt recouvre tous les autres terrains et n'est recouvert que par le dernier sol d'alluvion [1]. »

Telle n'est pas l'opinion de M. de Christol. Pour lui, le travertin est certainement antérieur au terrain de transport qui a rempli les brèches osseuses des environs de Baillargues et de Vendargues et la caverne de Lunel-Viel. « Cette détermination est, dit-il, incontestable, puisque le terrain de transport qui pénètre dans les fentes recouvre, aux environs de Montpellier, le travertin, dans les crevasses duquel il pénètre et où il forme d'autres brèches osseuses, contenant des débris de tortues, de rongeurs et de petits carnassiers [2]. »

M. de Rouville est beaucoup moins affirmatif que M. de Christol. Les relations des tufs avec les autres dépôts de la période quaternaire lui ont semblé longtemps pleines d'obscurité. Cependant, il a observé dans la plaine de Sauret et dans celle de Fontcouverte, quelques *rares* coupes « où » le tuf lui *a paru* recouvert par le dépôt ferrugineux qui accompagne les » dépôts alpins. » Il indique, en effet, dans sa Carte, le recouvrement d'une petite portion du tuf de Fontcouverte par le diluvium. Il rappelle enfin que, dès 1834, M. de Christol établissait ces rapports.

Je dois tout d'abord déclarer que je n'ai pu jusqu'à aujourd'hui trouver une superposition suffisamment démonstrative de l'âge relatif des tufs.

[1] *Loc. cit.*, pag. 165.
[2] Observations générales sur les brèches osseuses. Montpellier, 1834, pag. 24.

J'ai parcouru bien souvent la plaine de Sauret, sur les deux rives du Lez, et je n'ai vu nulle part d'autres terrains superposés à la formation qu'une couche plus ou moins épaisse d'alluvion récente ou de terre végétale.

Quant à la localité de Mansion, dans la plaine de Fontcouverte, voici ce que j'y ai remarqué, et ce que M. de Rouville a bien voulu confirmer par sa propre observation.

Dans la garrigue, vis-à-vis la maison, se trouvent des masses de poudingues, à éléments principalement calcaires cimentés par un limon marneux d'une couleur rutilante caractéristique. Cette terre rouge recouvre tout le petit espace marqué par des hachures sur la Carte de M. de Rouville. Elle appartient certainement à la formation lacustre et paraît parfaitement en place. Le tuf ne se montre nulle part au-dessous d'elle.

Si, partant de ce point, l'on se dirige vers Montpellier par la route de Ganges, on rencontre successivement :

Des dépôts formés de limon argileux, de graviers et de blocs entraînés, parmi lesquels deux blocs de tuf compacte comme celui de Fontcouverte ;

Des couches qui paraissent au premier abord tuffacées, mais qu'on reconnaît être composées essentiellement de terre marneuse, englobant des concrétions blanchâtres à formes variées et souvent bizarres. Cette formation rappelle, d'après M. de Rouville, celle que l'on connaît aux environs de Paris sous le nom de *lehm* ;

Des poudingues ou des couches épaisses de gravier contenant des fragments de coquilles marines appartenant à la molasse ou aux sables pliocènes, et aussi d'autres débris caractéristiques des terrains environnants.

Le tout est recouvert d'une terre végétale fortement ocreuse, que sa couleur brunâtre fait distinguer facilement des marnes beaucoup plus rutilantes du lacustre ou du diluvium. Les éléments ferrugineux qu'elle contient se sont évidemment formés sur place.

On le voit, rien ne rappelle, dans cette série de dépôts, le diluvium alpin, ni même les argiles rouges des plateaux. Ce sont, d'une part, des terrains tertiaires ; de l'autre, des alluvions superficielles dont il est difficile d'apprécier l'âge, mais qu'on a tout lieu de croire relativement récentes. D'ailleurs, le tuf n'affleure nulle part au-dessous de ces couches ; il est donc impossible d'y voir une superposition indiquant ses relations avec les autres terrains de la période quaternaire.

Je n'ai pas été plus heureux en ce qui concerne les fentes indiquées par M. de Christol. Ont-elles disparu depuis 1834? ou ne suis-je jamais arrivé sur le point qui les recèle? Aucun des géologues que j'ai consultés à Montpellier n'a pu me renseigner à cet égard.

Quoi qu'il en soit, l'observation subsiste, et il n'est pas permis de la mettre en doute. Il semble même imprudent de la discuter sans avoir sous les yeux l'élément principal de la discussion, le terrain de transport lui-même. On peut cependant faire observer : 1° que les animaux trouvés par M. de Christol ne fournissent aucune donnée caractéristique pour l'âge du comblement de ces crevasses; 2° que le terrain de transport, n'étant qu'une terre argilo-calcaire rougeâtre[1] mêlée de graviers, peut provenir de la marne rutilante entraînée des couches voisines du lacustre, tout aussi bien que du limon qui accompagne le diluvium ou des dépôts argileux des plateaux. Quelques cailloux de quartzites ou des fossiles caractéristiques trancheraient définitivement la question ; jusqu'à pareille preuve, je crois devoir faire mes réserves vis-à-vis d'une opinion rendue probable par l'autorité du géologue qui l'a mise en avant, mais sur laquelle peut encore planer quelque incertitude.

Les limites des divers massifs de tuf n'ont pas encore été données d'une manière précise : la Carte jointe à ce travail les indique telles que j'ai pu les constater par de nombreuses excursions. J'y ajoute ici une description succincte des couches qui les composent.

A. *Massif de Castelnau.*

Ce massif, le plus considérable de tous, s'étend depuis la campagne de Monplaisir jusque dans la plaine de Sauret, où il se développe beaucoup en largeur. D'abord fort étroit et presque exclusivement limité à la rive droite du Lez jusqu'au-dessous de la campagne Vialars, il occupe, à partir de ce point, les deux bords de la rivière, formant d'une part les

---

[1] De Christol, *loc. cit.*, pag. 16.

collines qui supportent le village de Castelnau, de l'autre la petite éminence couronnée de pins de l'extrémité méridionale de Méric. On suit à l'Ouest les traces de la formation autour de la campagne Westphal, et particulièrement dans le chemin qui, longeant le bord occidental de cette campagne, aboutit au groupe de maisons de la Pierre-Rouge. A l'Est, les limites dépassent la campagne Jules Bazille, s'infléchissent ensuite vers le S.-O., et tracent autour de Sauret une courbe qui vient aboutir au château Levat et rejoindre la ligne développée autour de la campagne Westphal.

La colline oolithique de Méric sépare ce grand massif en deux portions distinctes. La portion septentrionale, réduite à une bande étroite, après s'être relevée en tertre dans le domaine des Guillens, va s'appuyer de l'autre côté de la rivière sur les flancs de la colline de Bel-Air et s'abaisse peu à peu sur la rive droite du Lez, jusque vis-à-vis le village de Castelnau. Le tuf compacte ou terreux domine dans cette portion, qui repose tout entière sur les terrains jurassiques.

Le reste du massif présente des dépôts d'apparence très-variée.

Trois centres principaux s'y font tout d'abord remarquer. Au milieu, c'est le monticule qui porte à son sommet l'église de Castelnau, et sur ses flancs une grande partie du village. Ses pentes, abruptes du côté de la rivière, s'inclinent, vers le Sud, en pente douce. Les roches principales sont un tuf souvent friable, avec nombreuses empreintes végétales, et un albâtre calcaire développant sur de larges surfaces ses bandes ondulées.

L'agencement de ces éléments minéralogiques est très-variable; j'en donne ici une coupe, empruntée au mémoire de Marcel de Serres et prise dans un escarpement au-dessous de l'église; on y voit de haut en bas :

1° Terre végétale calcaire........................... 0m,60
2° Argile calcarifère jaunâtre friable, avec mollusques fluviatiles et terrestres............................. 0m,90
3° Calcaire sédimentaire avec empreintes de tiges, de feuilles et de fruits, et débris de mollusques.................. 3m,80
4° Argile calcarifère mêlée avec du calcaire sédimentaire pulvérulent. — Coquilles fluviatiles et quelques empreintes végétales................................. 1m,00

5° Calcaire sédimentaire solide et compacte avec débris de végétaux et fruits bien conservés...................... 20ᵐ,00
6° Albâtre calcaire rubanné, d'un brun jaunâtre........... 1ᵐ,50 à 5ᵐ
7° Calcaire sédimentaire ou tuf compacte analogue à celui du
n° 5. Ce calcaire s'étend parfois au-dessous du niveau de
la rivière : dans ses interstices, on trouve une grande quantité de carbonate de chaux[1] en duvet soyeux ou en efflo-
rescence d'un blanc éclatant.

Ce monticule est relié sans interruption à l'éminence orientale que
surmonte le cimetière de Castelnau. Celle-ci est un mamelon épâté, dont
les couches s'étendent en pentes douces dans toutes les directions. On peut
juger parfaitement de sa forme et de l'inclinaison de ses flancs en la
regardant de la terrasse de Méric.

La *figure* 4 (*Pl.* III) donnera une idée de l'irrégularité de ses couches
près du point central. La coupe produite par la route de Teyran montre
de nombreuses bandes sinueuses étendues sur une longueur de plus de
20 mètres, et, en un point de cette surface, la section d'un canal si régulier, qu'on le dirait presque fait de main d'homme ; il est complètement
rempli par les couches tuffacées, dont les inférieures se moulent exactement sur les parois et sur le fond.

Le calcaire tuffacé, qui forme la principale roche de ce massif, est le
plus souvent d'un gris blanchâtre ; parfois il est noir et paraît ainsi coloré
par de toutes petites masses charbonneuses, provenant de la décomposi-
tion incomplète de bois fossile. Ce dépôt contient beaucoup de carbonate
de chaux efflorescent ou floconneux ; le calcaire tubulaire y abonde ; les
empreintes végétales y sont très-communes. Des masses d'un sable tuffacé blanchâtre s'y intercalent souvent entre les éléments calcaires et s'y
rangent parfois en strates qui se relèvent sur les bords en courbe très-
prononcée. (*Voir la figure.*)

L'éminence occidentale, moins élevée que les deux autres, en est séparée
par la rivière : elle forme un massif étendu dont le point culminant est
couronné par les pins de Méric, en regard du moulin de Castelnau, et qui

---

[1] Marcel de Serres y voit du sulfate de chaux ; je me suis assuré que c'est du carbonate.

se prolonge, en contournant la colline oolithique sur laquelle il s'appuie, jusqu'à l'entrée de la campagne Vialars. Le chemin creux qui du rond-point du cimetière se dirige entre Méric et Lichtenstein, en montre de belles coupes; la stratification n'est pas moins irrégulière que dans les autres massifs; l'élément minéralogique prédominant est le calcaire tuffacé plus ou moins compacte; les empreintes de végétaux ne sont pas rares, quoique moins nombreuses qu'à Castelnau.

Ces trois centres importants présentent, avec des variétés individuelles, des caractères généraux qu'il est bon de signaler: absence de stratification régulière, prédominance des dépôts chimiques, abondance d'empreintes végétales et de tubes serpuliformes. Ces mêmes traits se rencontrent dans presque tous les points culminants de la formation. C'est ainsi que les tufs de la colline jurassique de Calanda rappellent, par leurs couches d'albâtre rubanné, ceux du massif de Castelnau.

Dans l'intérieur du triangle déterminé par les trois principales éminences, les masses de tuf prennent un aspect exceptionnel. La stratification y est encore irrégulière, tout en se prononçant déjà plus nettement: les dépôts opérés par voie de transport y prennent plus d'importance. Une masse de sable fortement tassé, avec mollusques fluviatiles et terrestres, est accumulée à la base de la formation; un lit de gravier y est intercalé; au-dessus du sable, des fragments de tuf arrachés des localités voisines ont été entraînés pêle-mêle; c'est seulement dans les couches supérieures que se montrent des blocs calcaires n'ayant pas subi de déplacement. Ailleurs, ce sont des dépôts irréguliers de sable tuffacé, alternant avec des couches fort tourmentées de calcaire, qui surmontent la base arénacée. Ces apparences singulières sont surtout remarquables dans les coupes naturelles du carrefour que domine la campagne Jeannel.

La partie méridionale du massif qui s'étend à la base de ces éminences en diffère d'une manière bien marquée. La stratification y est régulière; les couches, formées d'éléments minéralogiques différents, se distinguent nettement les unes des autres et sont sensiblement horizontales; les débris de plantes deviennent rares et sont remplacés par des coquilles fluviatiles ou lacustres.

Les flancs méridionaux des éminences présentent déjà ces caractères.

3

Ils sont bien évidents sur les escarpements produits par le chemin creux (traverse du Pauvre) qui longe le bord méridional de Méric pour aboutir au Lez. Une coupe, prise dans cette traverse, donnera une idée de la superposition des couches.

On y voit de haut en bas :

1º Terre végétale calcaire......................... épaisseur variable.
2º Concrétions tuffacées irrégulières, de très-petites dimensions, avec débris végétaux très-rares (presque jamais
de feuilles, le plus souvent de petites brindilles servant
d'axe à la concrétion)......................... 1^m,50 à 2^m
3º Couches régulières, alternativement formées de marne
sableuse et de sable tuffacé blanchâtre............ 1^m
4º Concrétions tuffacées analogues à celles du nº 2...... 1^m,50
5º Couches alternantes de sable et de marne analogues à
celles du nº 2.............................. 0^m,60

A mesure qu'on s'avance vers la plaine de Sauret, on voit l'élément tuffacé disparaître peu à peu, pour céder la place à la marne calcaire, quelquefois même argileuse. Des débris de concrétions et quelques traces de végétaux rappellent seuls la nature tuffacée de ces couches. On retrouve bien encore çà et là quelques blocs de tuf n'ayant subi aucun déplacement et présentant les caractères des dépôts formés par précipitation; mais ils sont rares et constituent un accident local dans la masse qui les entoure.

Les mollusques les plus abondants dans ces couches appartiennent aux genres Lymnée, Planorbe, Bythinie et Néritine.

B. *Tufs du Martinet.*

Entre le Martinet et Lavalette, le Lez, se séparant en deux branches, embrasse une toute petite île, reliée aux deux rives par la chaussée du moulin. Ce massif, saillant au-dessus du niveau ordinaire des eaux, montre des parois de tuf partout où les inondations ont balayé la terre végétale, et il est à présumer que la petite île tout entière en est formée. La stratification n'est nulle part indiquée. Le calcaire tuffacé, sous sa forme caverneuse ou tubulaire, y domine presque exclusivement. Des troncs de lierre et quelques feuilles d'arbre y ont laissé leur empreinte.

Je ne mentionnerai qu'en passant, et pour ne pas être incomplet, un tout petit dépôt de quelques mètres carrés de surface, qui repose sur le néocomien de la colline au pied de laquelle est bâti le moulin du Martinet.

C. *Tufs de Lavalette.*

Je désigne sous ce nom deux massifs de peu d'étendue situés dans la plaine de Lavalette, sur la rive gauche du Lez.

L'un d'eux, à peu près parallèle dans sa longueur au cours de la rivière, confine à deux petits lambeaux de néocomien qui s'étendent dans la même direction. Le chemin qui conduit du Martinet à Lavalette, par la rive gauche, traverse le massif et y produit une coupe limitée, mais suffisante pour montrer la disposition de ses éléments. La stratification est très-confuse; la principale roche est un tuf léger et blanchâtre avec empreintes de tiges et de feuilles.

Sur le même chemin et sur le bord S.-O. du lambeau néocomien septentrional, se montre l'autre dépôt. Il consiste en une terre blanche, marneuse, fortement tachée d'ocre. De nombreuses concrétions, formées autour des tiges de monocotylédones, rattachent bien évidemment à la formation ce point isolé, que son aspect semblerait plutôt rapprocher de certaines marnes lacustres. Des couches minces horizontales, alternativement formées de marne blanche et de marne ocreuse, s'étendent autour du point central.

D. *Tufs situés entre Lavalette et Clapiès.*

La route qui conduit de Lavalette à Clapiès traverse, vers le milieu de son parcours, un dépôt de tuf situé dans un pli de terrain, entre la petite colline dominant la plaine de Lavalette et le monticule sur lequel est bâtie la masure marquée sur la Carte *Tour ou Pigeonnier.* Du haut de cette petite élévation, on voit la formation tuffacée se dessiner assez nettement en relief sur le lacustre environnant. Un chemin creux, perpendiculaire à la route de Lavalette à Clapiès, traverse le massif dans

presque toute sa longueur. Les coupes qu'il y forme montrent successivement du Nord au S.-E. un tuf ordinaire, sans stratifications, avec
empreintes de feuilles et de tiges, puis des lits de marne calcaire s'inter-
calant aux dépôts de tufs et alternant avec eux jusqu'aux limites du
massif.

E. *Tufs de Clapiès*

Ce dépôt, qui n'est pas indiqué dans la Carte géologique de M. de
Rouville, est bien visible dans le chemin creux qui se dirige vers le
S.-S.-O, à partir de la petite porte de la campagne Abel Leenhardt. Sa
forme générale est celle d'un triangle curviligne, dont le sommet obtus
correspond à un des points du chemin et dont la base embrasse dans sa
courbe le mamelon surmonté par la masure marquée *Tour ou Pigeonnier.*
Les éléments constitutifs du terrain varient beaucoup dans leurs proportions. On observe sur les coupes faites par le chemin :

1º Une épaisseur variable d'humus ferrugineux, avec nombreux fragments de quartz ;

2º Une marne sablonneuse, blanche, colorée çà et là par de l'ocre, et contenant de
nombreux fragments d'incrustations calcaires déposées sur des débris de monocotylédones;

5º Une marne argileuse en bandes alternativement blanches et bleu-noirâtre ;

4º Des blocs de tuf en couche presque continue avec nombreuses empreintes de monocotylédones.

A mesure qu'on avance vers le S.-O., on voit se développer les marnes
argileuses, et à l'angle occidental du triangle elles atteignent une épaisseur si considérable, qu'on se croirait transporté dans une tout autre
formation. Cependant il est facile de constater une mince couche de
tuf sous-jacente au dépôt marneux et contenant les mêmes fossiles que
celui des coupes précédentes.

Les coquilles d'eau douce abondent dans la marne argileuse; elles appartiennent surtout aux genres Lymnée et Planorbe.

Le dépôt tout entier repose sur les grès d'eau douce de la période éocène.

F. *Massif du Gasconnet.*

Ce massif, le plus important après celui dé Castelnau, est superposé en partie au néocomien, en partie au lacustre éocène. La route départementale n° 2 le traverse depuis le four à chaux de Lavalette jusqu'au delà de la campagne Boudet. Sa forme générale est irrégulière.

Il s'appuie au Nord sur les flancs de la petite colline située entre la route et l'aqueduc, traverse le vallon de la Lironde, et, de là, s'étendant en largeur, vient toucher à l'îlot de néocomien du Gasconnet et à la rive droite du Lez. Les limites du relief calcaire et de l'alluvion récente sont parfaitement marquées dans la campagne Boudet, dont la partie basse est formée par une épaisseur considérable d'excellente terre alluviale. Un puits de 5 à 6 mètres de profondeur est tout entier creusé dans ces dépôts de la rivière. Sur la rive gauche du Lez, je n'ai pu constater la présence du tuf qu'en un point situé vis-à-vis le moulin du Gasconnet; une mince couche de ce calcaire s'y trouve au-dessous de l'alluvion et se rattache évidemment au reste du massif.

Le point le plus intéressant est la petite éminence placée entre la route et le Gasconnet. C'est là qu'abondent les fossiles végétaux, dans les bandes sinueuses d'un tuf compacte rubanné. De ce point central au four à chaux de Lavalette, les éléments constitutifs du terrain changent peu à peu de nature. Ce sont d'abord des tufs beaucoup plus légers, blanchâtres, se délitant facilement, et marqués de nombreuses empreintes végétales, particulièrement de feuilles du *Smilax aspera*; les masses du calcaire deviennent ensuite de moins en moins épaisses, et ce sont les couches sous-jacentes, principalement arénacées, qui prédominent.

Le chemin creux parallèle à la grand'route et conduisant dans le domaine de Lavalette, produit une coupe qui met en évidence, de haut en bas :

1º Un sable blanchâtre calcaire avec concrétions ayant pour axe des débris de monocotylédones;

2º Un sable analogue à celui de la couche nº 1, avec bandes de sable couleur d'ocre : au fond de la couche, nombreuses empreintes de monocotylédones en position verticale;

3º Un sable analogue au précédent, avec moins de concrétions;

4º De nombreuses couches alternantes de sable calcaire et de marne sablonneuse, variant de finesse et de couleur. Des coquilles fluviatiles y sont répandues çà et là.

La stratification, qui était jusque-là très-confuse, devient régulière; les couches sont bien distinctes, parallèles et horizontales.

Ces caractères sont encore plus tranchés dans Lavalette même ; les blocs de tuf disparaissent complètement, ainsi que les concrétions calcaires, et il n'y a plus, sur les limites de la formation, que des couches arénacées.

La partie du massif appliqué contre la colline qui borde la grand'-route, est essentiellement composée de tuf ordinaire avec empreintes végétales, et ne mérite pas une étude plus détaillée.

Signalons seulement le voisinage presque immédiat de la petite coulée basaltique découverte, il y a quelque temps, par MM. Paul Cazalis de Fondouce et Riban.

G. *Tufs de Montferrier.*

Tout à fait au pied de la butte volcanique de Montferrier, se trouve appuyé un dépôt de tuf que coupe la grand'route , et dont on retrouve les traces de l'autre côté du Lez. L'ensemble est très-doucement incliné de l'Est à l'Ouest. On n'y voit pas de stratification bien marquée ; les couches arénacées ou marneuses de la plupart des autres dépôts n'y sont nulle part apparentes. Les empreintes végétales abondent sur un lambeau actuellement dénudé de la rive gauche de la rivière. Ce sont surtout des feuilles de monocotylédones et de *Salix cinerea.*

H. *Massif de Baillarguet.*

Je désigne sous ce nom un des massifs importants, qui s'étend sur les deux rives du Lez, un peu au-delà du pont de Montferrier, vis-à-vis Baillarguet. Le chemin qui, continuant la direction primitive de la grand'-route, aboutit au moulin Sijas, en entame une petite portion. La rivière y a formé des talus abruptes de 10 à 15 mètres de hauteur. Le point culminant paraît être sur la rive gauche du Lez. Si l'on néglige les coupures produites par le courant, on voit la surface du massif s'incliner doucement à partir de ce sommet vers la rive opposée, non sans présenter çà et là quelques mouvements de terrain. Les masses tuffacées s'étendent principalement dans deux directions, N.-N.-O. et S.-S.-O., avec quelques variations dans la nature de leurs éléments minéralogiques.

Le lambeau méridional est formé principalement par une terre blanche, calcaréo-marneuse, friable, toute pétrie de concrétions tuffacées ; il aboutit à une des collines qui s'étendent sur le bord oriental du chemin conduisant au moulin Sijas.

Le lambeau septentrional présente des coupes nombreuses entre la rivière et le canal du moulin. La marne calcaire et même argileuse y forme des couches épaisses qui s'intercalent entre les éléments tuffacés. Au-delà du canal, il s'étend dans les vignes et s'y détache assez nettement en relief. Il se termine en contournant une partie de la colline de calcaire d'eau douce qui se dresse auprès du moulin.

La masse principale du dépôt ne présente pas de stratification régulière. Elle repose sur les grès d'eau douce : sa limite méridionale est parfaitement indiquée par le ruisseau de Rieux, au-delà duquel se montrent dans tout leur développement les grès du lacustre éocène.

I. *Dépôts disséminés dans la vallée du Lez.*

Outre les dépôts précédents, il en est d'autres qui ne méritent pas de description spéciale à cause de leur peu d'étendue, et que je ne ferai qu'indiquer. Ce sont :

1º Entre le pont de Montferrier et le moulin du Blanchissage, sur la rive gauche, une petite masse traversée par le chemin de Clapiès et dans laquelle les couches de marne se mêlent au calcaire ;

2° Près du moulin même du Blanchissage, sur le même chemin, quelques blocs de tuf ordinaire;

3° Deux points de tuf blanchâtre, sur la portion du chemin qui est perpendiculaire à la direction du Lez, des deux côtés du vallon de Loriol.

J. *Tuf de Fontcouverte.*

Signalé pour la première fois par M. de Rouville, ce gisement occupe une assez grande étendue dans la plaine de Fontcouverte. Sa surface est presque inaccessible, à cause de la couche épaisse d'humus qui la recouvre. Les chemins, qui se croisent sur cet espace, entament à peine le tuf; il est donc très-difficile d'indiquer les limites du dépôt, et ce n'est qu'au moyen d'un très-petit nombre de points de repère que j'ai pu les tracer sur la Carte.

Les blocs extraits du sous-sol permettent de constater la nature de la roche; elle est très-compacte, tantôt noirâtre, tantôt gris rosé ou blanchâtre, et tellement semblable à certains calcaires cariés du lacustre éocène, qu'on aurait beaucoup de peine à les en distinguer sans le secours des fossiles. Les mollusques terrestres, et principalement le *Cyclostoma elegans*, caractérisent ces blocs : les empreintes végétales y sont rares, on n'y trouve guère que des tiges et des feuilles de monocotylédones.

Les relations de ce dépôt avec les terrains environnants sont très-obscures; au Nord et à l'Est, on observe tout autour de la formation le lacustre éocène, mais sans pouvoir arriver sur la ligne de contact. A l'Ouest, l'embarras est encore plus grand, et il est impossible de saisir une superposition bien évidente entre le travertin et la série de dépôts superficiels que j'ai déjà indiqués le long de la route de Ganges.

K. *Tuf de Boutonnet.*

M. de Rouville m'a tout récemment signalé un point très-limité de tuf, voisin de celui de Fontcouverte, mais d'une tout autre apparence. Il forme un petit relief au milieu des sables pliocènes de Boutonnet. La route de Saint-Hippolyte le coupe en deux un peu au-delà de l'octroi, entre le Sacré-Cœur et la campagne Durand. Le calcaire rubanné analogue à celui de Calanda y domine. Les débris végétaux y paraissent rares.

CHAPITRE II

Fossiles des TUFS.

———

Les fossiles des tufs sont : 1° des débris ou des traces d'animaux; 2° des empreintes végétales.

§ I.

FOSSILES ANIMAUX.

Les animaux sont surtout représentés par des mollusques terrestres et d'eau douce. Marcel de Serres en a donné la liste dans son mémoire de 1818. Je me borne à la rappeler ici, en indiquant par un astérisque (*) les espèces que j'ai retrouvées.

Espèces d'eau douce : *Lymnæus ovatus, L. corvus, *L. palustris, *L. minutus; *Succinea amphibia; Planorbis carinatus; *Pl. marginatus; *Bythinia impura; *Nerita fluviatilis; Cyclas fontinalis; Unio pictorum.

Espèces terrestres : *Cyclostoma elegans; Bulimus acutus; B. lubricus; *B. decollatus; *Helix variabilis; H. rhodostoma; *H. nemoralis; *H. vermiculata; H. ericetorum; H. cespitum; H. cinctella; H. limbata; *H. striata; H. obvoluta; H. lucida; *H. nitida; *H. rotunda.

En outre, Marcel de Serres signale quelques empreintes indéterminables d'insectes aptères.

Je n'ajouterai qu'une seule espèce à cette liste: c'est une Phryganide du genre Rhyacophila, dont les larves ont formé les tubes serpuliformes qui caractérisent certains blocs de nos massifs.

Ces tubes se trouvent englobés dans la masse de la roche; quelquefois isolés, ils sont le plus souvent groupés ensemble et même enchevêtrés les uns dans les autres. Leur forme est variable; les uns sont presque droits, d'autres légèrement recourbés, la plupart sinueux. Ouverts à une extrémité, ils se terminent à l'autre en cul-de-sac. Leurs parois ont une structure toute spéciale: elles sont formées d'un nombre variable de couches qui sont fendillées en tous sens, comme si elles avaient subi l'influence d'un retrait.

L'origine de ces tubes m'a longtemps intrigué. Ils ne ressemblent pas à des moules de racines, comme l'ont voulu Marcel de Serres et M. Taupenot, et, il y a six mois, je ne connaissais aucun travail d'insecte à leur comparer. Je les aurais volontiers rapprochés des *Induses*, observées par M. Lecoq dans les terrains tertiaires de l'Auvergne, si la structure différente des parois ne m'avait éloigné d'une pareille idée. Je ne prévoyais donc pas le moyen de résoudre ce problème lorsque, étudiant la formation des tufs dans le parc de Castries, j'eus la bonne fortune de trouver tous les éléments de la solution. Je vis sur les parois des cascades des tubes glaireux, transparents, servant d'abris à une larve de Phryganide. Ces tubes, en s'incrustant de calcaire, prenaient peu à peu la structure de ceux de nos tufs, et finissaient par leur être en tout comparables. J'en conclus naturellement qu'une espèce très-voisine de celle de Castries, probablement la même, existait autrefois dans la vallée du Lez, et que ses larves y construisaient de nombreux abris, englobés aujourd'hui par les tufs.

J'ai rapporté cette nouvelle espèce au genre *Rhyacophila*, et je propose de lui donner le nom de *R. toficola*. L'étude de ses caractères et de ses mœurs ne saurait trouver ici sa place: j'y consacrerai un article spécial, que je renvoie sous forme d'appendice à la fin de ce mémoire.

§ II.

FOSSILES VÉGÉTAUX.

Les végétaux sont représentés par des tiges, des feuilles, des fleurs et des fruits.

Ces organes ont laissé leur empreinte, mais leur tissu a complètement disparu. Je n'ai jamais pu constater leur pétrification par du carbonate calcaire.

Les tiges n'ont pas plus résisté à la destruction que les organes les plus délicats : c'est donc seulement par les particularités de leur enveloppe extérieure qu'on peut arriver à leur détermination. Ni la structure anatomique, ni les dispositions parfois caractéristiques des faisceaux ligneux ou corticaux, ne sont d'aucun secours. La forme de la tige, arrondie, anguleuse, canaliculée ; les appendices de l'épiderme, tels que les aiguillons, les stries, les côtes ; les plaques de formes diverses de l'écorce : voilà les seuls moyens de détermination dont j'ai pu ici me servir.

Le nombre de tiges ou de branches incrustées par le tuf est considérable : il n'est pas de localité où l'on n'en rencontre en abondance. Quelquefois en position verticale, elles affectent le plus souvent des directions qui varient avec l'inclinaison des couches du terrain.

Elles ne dépassent guère des dimensions moyennes : une des plus grandes que j'ai vues mesure 14 centimètres de diamètre. Jamais elles n'atteignent l'énorme développement que, par suite d'une illusion assez naturelle, leur ont quelquefois attribué les observateurs.

Les bandes concentriques du tuf qui se déposent autour d'un axe figurent, à s'y méprendre, l'ensemble des couches ligneuses d'un tronc de dicotylédone ; la structure du carbonate calcaire, dont les fibres se dirigent toutes sensiblement vers le centre, imitant assez bien les rayons médullaires, rend la ressemblance plus frappante encore ; de telle sorte qu'il est facile de s'y tromper et d'attribuer une origine organique à ce groupement régulier des molécules minérales.

A priori, et connaissant le mode de dépôt des matières tuffacées, on doit se tenir en garde contre ces trompeuses apparences, que le moindre examen permet de ramener à leur véritable signification. On s'aperçoit bien vite, en effet, que des axes de nature très-diverse (organique ou inorganique) peuvent servir de centre à la concrétion. Dans le cas particulier où c'est une branche d'arbre, la trace de son écorce se retrouve, non point sur la couche la plus extérieure, comme cela devrait être sur un tronc d'arbre pétrifié, mais sur les parois du canal central. Ces prétendus troncs contiennent quelquefois dans leur épaisseur deux ou plusieurs axes qui sont eux-mêmes entourés de couches concentriques, ou bien encore ils renferment entre leurs bandes superposées des feuilles ou d'autres débris végétaux. Comment douter, dans ces deux cas, de la véritable origine de ces concrétions?

Les feuilles sont les organes les plus abondants dont les tufs nous aient conservé l'empreinte. Malheureusement l'irrégularité des couches du terrain permet rarement de les obtenir dans leur intégrité. Il est à peu près impossible d'avoir en parfait état une feuille dépassant 7 ou 8 centimètres de longueur. Cette circonstance, si défavorable aux déterminations, est en partie compensée par la parfaite conservation des nervures, même les plus fines. On s'étonne vraiment qu'une substance d'une structure aussi grossière se soit moulée avec une pareille perfection sur les plus petits détails de la feuille la plus délicate. C'est un bien précieux avantage, car il n'est pas de caractères plus essentiels et plus sûrs que ceux de la nervation. Deux feuilles peuvent se ressembler par la forme, les dimensions, les découpures des bords : si la disposition de leur nervure, et particulièrement de leurs réseaux les plus fins, diffèrent d'une manière tranchée, on peut affirmer presque à coup sûr qu'elles n'appartiennent pas à la même espèce. Au contraire, un fragment de feuille à nervation bien caractérisée suffit souvent pour reconnaître une plante. Que de débris informes de laurier, de vigne, de figuier, etc., j'ai pu déterminer par cette unique considération !

Après la nervation, les caractères les plus utiles à constater sont, dans l'ordre de leur importance :

1° Certains appendices de l'épiderme, tels que les aiguillons sur les nervures et particulièrement sur la médiane; des poils disposés en groupes caractéristiques, par exemple à l'aisselle des nervures ; une surface rude ou verruqueuse du limbe, etc.;

2° Les découpures des bords, et particulièrement la direction et la forme des dents et des lobes : ce caractère est plus important que celui de l'absence et de la présence des découpures;

3° La forme de la feuille, particulièrement celle du sommet ou de la base.

Il n'est rien de variable comme les dimensions des feuilles d'une même espèce: un même arbre peut présenter à cet égard les contrastes les plus étonnants, et ce n'est pas seulement l'âge des organes qui amène ces différences; elles sont encore provoquées par des causes beaucoup moins normales, même tout à fait accidentelles. Qu'un jeune jet vigoureux éprouve quelque dommage à son extrémité supérieure, que son bourgeon terminal soit détruit, la sève refluera vers les appendices latéraux, et les feuilles, anormalement gorgées de suc nutritif, atteindront d'énormes proportions. Un rameau se trouve-t-il au contraire placé dans des conditions défavorables à sa nutrition, tous ses organes végétatifs vont se rabougrir, et les feuilles, suivant la tendance commune, se réduiront à de si petites dimensions, qu'elles deviendront méconnaissables. N'est-ce pas dire que si deux organes ne diffèrent pas entre eux par des caractères plus essentiels, on devra se garder de les rapporter à des espèces différentes ?

Les fleurs sont peu nombreuses, mais en général bien conservées. Les fruits sont au contraire relativement abondants [1].

Une espèce représentée à la fois par ses feuilles et par ses fruits offre en général des éléments suffisants pour sa détermination. Si ces organes sont en tout comparables aux mêmes parties d'une espèce vivante, on ne saurait se refuser à identifier les deux types. En est-il de même pour les espèces dont on ne rencontre que les organes de végétation, et doit-on, après avoir reconnu dans une feuille fossile, par exemple, les traits caractéristiques des feuilles d'une plante vivante, appliquer aux deux types la même dénomination? C'est une question importante et qu'il faut préalablement discuter, avant d'aborder la partie descriptive de notre travail.

Je n'hésite pas à la résoudre affirmativement pour la région spéciale que j'ai étudiée. Ce n'est pas seulement par les formes extérieures que les végétaux de notre flore fossile rappellent ceux de la flore actuelle, c'est aussi par leur mode d'association. De nos jours encore, il est des

---

[1] Il est souvent difficile de reconnaître un fruit, même bien caractérisé, à l'empreinte en creux qu'il a laissée dans le tuf; le meilleur moyen, dans ce cas, est de couler dans ce moule extérieur du plomb, du métal d'imprimerie, ou toute autre matière qui, en se solidifiant, puisse en conserver la forme et les principaux détails. Je n'ai pu déterminer les figues du groupe représenté (*Pl. III, fig. 1*) qu'après avoir fait usage de ce procédé. J'avais cru tout d'abord y reconnaître les fruits de l'*Aristolochia Clematitis*, et des botanistes plus habiles ou beaucoup plus exercés que moi partageaient cette manière de voir.

régions où l'on trouve réunies *toutes* les espèces similaires à celles de nos tufs, et dans notre pays même, si l'on veut bien tenir compte des plantes cultivées, on rencontre actuellement tous ces types. Il y a donc ici plus qu'une ressemblance de forme : les espèces des deux époques ne sont pas comparables seulement par les détails caractéristiques de leurs organes, elles le sont aussi par leurs aptitudes physiologiques, par la manière dont elles résistent aux influences du climat.

Nous ajouterons que les preuves directes de leur identité existent pour bien des espèces : plus d'un quart de celles que j'ai pu recueillir sont représentées à la fois par des feuilles et par des fruits, et quelques-unes d'entre elles peuvent être déterminées avec autant de certitude que des échantillons vivants. C'est là, me paraît-il, une garantie suffisante pour la détermination des types moins heureusement représentés.

Pour ces raisons, je crois devoir identifier les plantes des tufs de Castelnau avec les espèces suivantes :

1. CLEMATIS VITALBA, L.

Gasconnet. — Castelnau.

Bien que la détermination de cette espèce repose sur des fragments très-incomplets, je n'hésite pas à la donner comme certaine. Je n'ai pu recueillir jusqu'ici qu'un fragment de tige et trois empreintes représentant la moitié inférieure d'une foliole : deux seulement comprennent la base du limbe, une seule montre une partie des bords ; mais la nervation est si caractéristique et se rapporte si exactement aux folioles de *Clematis Vitalba*, que l'identité d'espèce ne peut laisser aucun doute.

Nos empreintes montrent : cinq nervures principales partant de la base du limbe ; la médiane est droite, les deux latérales intérieures formant avec elle un angle aigu ; elles sont courbes, convergent vers le sommet du limbe et émettent vers le milieu un rameau anastomotique qui se porte en bas sur la nervure médiane. Les latérales extérieures sont beaucoup moins marquées ; elles sont aussi courbes et convergentes, à peu près parallèles aux bords, et fournissent d'un côté des rameaux anastomotiques qui se dirigent en bas vers les nervures internes ; et, de l'autre côté, des branches perpendiculaires plus nombreuses tendant vers les bords. Les intervalles sont occupés par des aréoles polygonales, lâches et irrégulières, remplies par le réseau des nervures tertiaires, lequel est également irrégulier.

Le fragment de tige est aussi caractéristique; il est fortement sillonné et renflé au point d'attache de deux pétioles opposés.

2. ACER MONSPESSULANUM, L.

Gasconnet.

Feuilles trilobées, cordées à la base, à lobes sensiblement égaux, ovales obtus, entiers, les deux latéraux divergents; trois nervures principales, occupant chacune le milieu de l'un des lobes.

Je n'ai recueilli que deux feuilles répondant au type de l'Érable de Montpellier. Dans l'une et l'autre, les lobes sont entiers, sans aucune dent. Les nervures secondaires n'ont pas laissé de traces bien apparentes. La feuille la plus grande a 2 1/2 cent. de longueur sur 4 de largeur.

3. ACER OPULIFOLIUM, L.;

4 ACER OPULIFOLIUM, L. VAR. NEAPOLITANUM; (*Acer neapolitanum*, Ten.)

Castelnau. — Gasconnet.

Feuilles coriaces, parfois pubescentes à la face inférieure, cordiformes à la base, plus ou moins arrondies dans leur contour, à cinq lobes grossièrement et inégalement dentés, parfois entiers, obtus ou arrondis au sommet; cinq nervures principales occupant chacune le milieu d'un des lobes. Samare à ailes courtes et larges, médiocrement divergentes, munies de nombreuses nervures anastomosées.

Les deux formes de cette espèce sont représentées par un grand nombre de feuilles généralement incomplètes, et par quelques fruits.

La *fig.* 1, *Pl.* II reproduit l'empreinte d'une feuille à peu près intacte, la seule qui soit aussi bien conservée. Elle répond parfaitement à celles de l'*Acer opulifolium*, qui se rencontre çà et là dans les Cévennes; pour les autres, il est souvent difficile de juger exactement de leur forme: des échantillons trop incomplets ou peu caractérisés m'avaient fait voir autrefois dans ces empreintes l'*Acer pseudoplatanus;* de meilleurs exemplaires, et surtout l'examen des fruits, m'ont fait revenir sur cette détermination.

La forme des feuilles est très-variable. Les unes ont des lobes saillants, presque aigus au sommet, à dents bien marquées; d'autres ont à peine des lobes et ne présentent sur leur bord d'autres découpures que de grosses dents irrégulières. Ces deux formes paraissent se rattacher plus spécialement au type pur de l'*Acer opulifolium.* A côté des feuilles ainsi faites, on en voit beaucoup d'autres qui se distinguent par leurs lobes arrondis et presque entiers, et par la forme presque orbiculaire du limbe (voir *fig.* 2-3, *Pl.* II); je les ai comparées minutieusement avec les feuilles de l'*Acer neapolitanum* cultivé au Jardin des Plantes de Montpellier, et je n'ai pu y trouver aucune différence.

Les fruits, par les dimensions et surtout l'épaisseur de leur capsule, la longueur et la largeur de leurs ailes, rappellent tout à fait ceux de la variété méridionale de l'*Acer opulifolium.* J'en possède quatre empreintes bien caractérisées, et les débris de quelques autres.

5. Vitis vinifera, L.

Castelnau. — Gasconnet.

Feuilles membraneuses, cordiformes, à peine lobées ou sans lobes, à bords inégalement et grossièrement dentés. Cinq nervures principales; nervures secondaires recourbées en arc et aboutissant aux dents du bord. Nervures tertiaires se détachant à angle presque droit et formant des aires irrégulières, en général de forme quadrilatère allongée. Réseau à mailles lâches.

Les empreintes de cette espèce ne se rencontrent guère qu'en fragments; il y en a cependant de dimensions très-réduites, qui ne devaient pas avoir dans leur intégrité plus de 2 cent. de haut sur autant de large. Malgré cet état imparfait de conservation, on peut juger, par les débris qui nous restent, de la forme générale du limbe. Les petites feuilles et les moyennes devaient être à peine lobées; quelques-unes même ne l'étaient certainement pas du tout. Les grandes feuilles sont en fragments beaucoup trop imparfaits pour qu'on puisse rien indiquer à leur égard.

Le *Vitis vinifera* se montre spontané ou subspontané (nous reviendrons

5

plus loin sur cette question), non seulement dans les localités où la vigne
a été depuis longtemps cultivée, mais aussi dans les endroits qui paraissent
vierges de toute culture. La forme à feuilles sans lobes se rencontre
fréquemment, répondant parfaitement à nos empreintes. Elle est mêlée
avec la forme à feuilles profondément lobées : on trouve même les deux
types sur la même souche.

6. ILEX AQUIFOLIUM. L.

Castelnau. — Gasconnet.

Feuilles raides, lisses sur les faces, elliptiques, sinueuses, à dents triangulaires épi-
neuses ; nervure médiane forte ; dix ou douze nervures secondaires très-peu marquées,
se détachant obliquement de la principale, courbées en arc et s'anastomosant chacune
avec la nervure immédiatement supérieure ; pas de traces de nervures tertiaires.

Toutes nos empreintes se rapportent à la même forme du Houx, celle
à feuilles sinueuses dentées ; les dents sont très-larges à la base et peu
nombreuses ; on en compte de cinq à six sur le bord d'une feuille de
10 centimètres de longueur.

Je n'ai rencontré dans aucune localité la forme du Houx à feuilles
entières.

7. RUBUS DISCOLOR, Weihe et Nees.

Castelnau. — Gasconnet. — Montferrier.

Rameaux anguleux, à cinq faces inégales, planes ou légèrement canaliculées, munis
sur leurs arêtes d'aiguillons nombreux, rapprochés, élargis à leur base, crochus. —
Feuilles composées : folioles obovales ou elliptiques, acuminées au sommet ; les latérales
atténuées ou à peine arrondies à la base ; les terminales arrondies ou cordiformes, toutes
doublement dentées ; nervure médiane munie à sa face inférieure d'aiguillons crochus ;
huit ou dix nervures latérales obliques, gagnant directement le bord de la foliole pour
aboutir à une des dents, fournissant vers leur extrémité un ou deux rameaux qui aboutissent aussi à une dent. Nervures tertiaires, se détachant presque à angle droit des nervures
latérales, sinueuses, parallèles entre elles, souvent simples, rarement bifurquées.

Il est facile de rapporter à leur type générique les feuilles de Ronces
empreintes sur le tuf par leur face inférieure ; la présence des aiguillons
sur la nervure médiane les fait reconnaître tout d'abord. Ce caractère fait

défaut quand on ne possède que l'empreinte de la face supérieure; il faut alors s'en rapporter à la disposition des nervures.

Les fragments de rameaux sont aussi trop bien caractérisés pour laisser quelque doute.

Les empreintes fossiles décrites ci-dessus se rapportent bien évidemment à la Ronce la plus commune de nos haies, que nous regardons, avec MM. Grenier et Godron, comme le *Rubus discolor*. Elle est représentée par de nombreux rameaux et par des folioles de dimensions variées. Les latérales sont les plus abondantes.

7. Cotoneaster Pyracantha. Pers.

Au-dessous de la campagne Méric.

Rameaux épineux; épines droites de longueur variable. — Feuilles longuement pétiolées, elliptiques ou lancéolées, atténuées à la base; bords dentés, crénelés. Nervure médiane bien marquée; nervures secondaires au nombre de huit à dix, se détachant à angle aigu, recourbées en arc près du bord et fournissant dans leur trajet de nombreux rameaux anastomotiques qui forment un réseau à mailles lâches et irrégulières. — Fruit de la grosseur d'un gros pois, globuleux, couronné par les cinq dents aiguës du calice.

La détermination de cette espèce est aussi certaine que si elle reposait sur l'examen d'échantillons vivants. La plante est représentée dans la plupart de ses parties par des empreintes à la fois très-variées et très-caractérisées, et ces éléments sont réunis dans la même localité, quelquefois dans le même bloc de tuf.

Les branches et les rameaux appellent tout d'abord l'attention par leur abondance : il y en a de toutes les dimensions, depuis des troncs de 4 cent. de diamètre jusqu'aux plus petits ramuscules. Les troncs et les grosses branches sont reconnaissables aux traces que les anciens rameaux ont laissées sur l'empreinte, sous la forme de dépressions circulaires, marquées de stries concentriques : ces dépressions sont le plus souvent rangées trois par trois à côté les unes des autres; plus rarement on les rencontre deux à deux.

Les rameaux, extrêmement divisés, sont munis d'épines de grosseur et de longueur variables, mais présentant toujours à côté d'elles la base d'un rameau à écorce transversalement ridée, qui produit sur l'empreinte une dépression étroite et circulairement striée sur ses parois, ayant en profondeur de 1 à 2 millimètres.

Une disposition analogue se rencontrant sur les *Cratægus Oxyacantha*, *monogyna* et *Azarolus*, ce caractère ne suffirait pas à lui seul pour la détermination spécifique des fossiles; mais l'aspect des feuilles tranche complètement la question. Leurs dimensions varient passablement: la plus grande mesure 7 centimètres de longueur, sans compter le pétiole; les autres sont généralement beaucoup plus petites, leurs fragments abondent dans presque tous les blocs qui contiennent des empreintes de tiges. Les fruits ne sont pas rares, on en trouve le plus souvent deux ou trois à côté l'un de l'autre.

8. HEDERA HELIX. L.

Castelnau. — Monplaisir. — Martinet. — Gasconnet.

Tige sarmenteuse, à rameaux nombreux, sinueux. — Feuilles coriaces, polymorphes. Celles des tiges stériles de deux formes : soit cordées avec trois ou cinq lobes, triangulaires, plus ou moins aigus, parcourus chacun en son milieu par une nervure principale, d'où se détachent sous un angle peu aigu des nervures secondaires recourbées en arc et circonscrivant des aires, qui n'atteignent pas le bord ; — soit cordées à la base, à lobes latéraux arrondis et à peine distincts, une nervure principale ; nervures secondaires, très-obliques, dichotomes ; — les feuilles des rameaux fertiles : ovales, lancéolées ou elliptiques, le plus souvent acuminées, à une seule nervure principale, d'où se détachent obliquement les nervures secondaires; nervures tertiaires formant par leurs anastomoses un filet à mailles lâches et irrégulières. — Fruit globuleux, tronqué au sommet, couronné par le limbe du calice à cinq dents à peine saillantes.

J'ai rencontré deux tiges bien reconnaissables de cette espèce ; elles ont été probablement incrustées en place, l'une contre un bloc de tuf vis-à-vis Monplaisir, sur la rive gauche du Lez, l'autre au moulin du Martinet. Les feuilles les plus nombreuses se rapportent à la seconde forme, cordées à la base et irrégulièrement lobées ; les dimensions varient depuis 2 centimètres de longueur sur 1,8 de large jusqu'à 6,50 de longueur sur autant de large. Deux seulement ont des lobes bien marqués, triangulaires, aigus au sommet. Plusieurs empreintes proviennent de feuilles de rameaux fertiles ; les unes sont arrondies à la base , les autres sont cunéiformes.

Un fragment de fruit (les deux cinquièmes environ), trouvé à Castelnau , doit être rapporté sans hésitation à cette espèce ; on y reconnaît très-bien l'empreinte de deux petites dents du calice, celle du disque épigyne qui surmonte le fruit, enfin le sillon de séparation du disque et du calice.

J'ai aussi recueilli un tout jeune fruit, tel qu'il se présente immédiatement après la chute des pétales et des étamines.

9. CORNUS SANGUINEA. L.

Castelnau. — Gasconnet.

Feuilles largement elliptiques , brièvement acuminées , à bords entiers ; pétiole canaliculé en dessus. Nervures secondaires , au nombre de 4-5, se détachant obliquement de la nervure médiane, convergentes ; nervures tertiaires bien marquées, nombreuses, presque perpendiculaires aux nervures secondaires , légèrement flexueuses.

Il ne saurait y avoir de doute sur la détermination spécifique de ces fossiles. La disposition des nervures secondaires caractérise le genre *Cornus ;* le nombre restreint de ces nervures, la force relative des nervures tertiaires, distinguent le *Cornus sanguinea* du *Cornus mas.*

Les dix feuilles que j'ai recueillies répondent exactement au même type : elles ne diffèrent entre elles que par les dimensions.

10. VIBURNUM TINUS, L.

Gasconnet. — Castelnau.

Feuilles coriaces , ovales, elliptiques ou lancéolées ; nervure médiane très-marquée ; nervures secondaires au nombre de cinq à sept, fortes, surtout les inférieures, courbées en arc et circonscrivant de grandes aires qui n'atteignent jamais les bords. Touffes de poils à l'aisselle des nervures. Face inférieure glabre ou parsemée de poils.

Les deux nervures secondaires inférieures sont d'ordinaire beaucoup plus obliques que les autres. Les nervures tertiaires, très-évidentes, s'étendent transversalement dans les grandes aires formées par les nervures secondaires. Elles sont à peu près parallèles entre elles.

Les dimensions des feuilles varient dans des limites qui n'ont rien d'extraordinaire; l'une des plus grandes a environ 5 centimètres de largeur, la plus petite a tout au plus 13 millim. de largeur sur 25 de longueur.

La forme la plus ordinaire paraît être celle d'une ellipse. Les feuilles actuellement vivantes tendent plutôt vers la forme ovale: en cela les empreintes de nos tufs se rapprochent davantage des figures données par M. Gaudin[1]; il va sans dire que cette légère différence dans la forme est sans importance pour la détermination spécifique.

Les empreintes ont conservé la trace des touffes de poils à l'aisselle des nervures. Quant à la pubescence de la face inférieure, elle est évidente dans quelques échantillons; d'autres n'en montrent aucune trace.

11. Rubia peregrina, L. γ. angustifolia, Gr. et God. (*Rubia angustifolia. L.*)

Gasconnet.

Feuille coriace, très-étroitement lancéolée, à bords denticulés épineux. Nervure médiane bien marquée, munie de distance en distance de petits aiguillons. Nervures secondaires nulles.

Cet échantillon, bien que très-incomplet, ne laisse cependant aucun doute sur sa détermination; il se rapporte, autant par sa forme que par la texture de sa face inférieure, aux feuilles d'une plante d'Algérie conservée dans l'herbier du Jardin des Plantes de Montpellier, et qui répond au *Rubia angustifolia* de Linné (*fide auct.*).

12. Fraxinus excelsior. L.

Castelnau. — Gasconnet.

Feuilles imparipennées; folioles oblongues lancéolées ou ovales lancéolées, plus ou moins longuement acuminées, atténuées et parfois un peu inégales à la base; bords dentés en scie, à dents aiguës, déjetées en dehors. Nervure médiane saillante; nervures secondaires beaucoup plus fines, allant de 13 à 16, recourbées en arc, s'amincissant à mesure qu'elles approchent des bords, anastomosées chacune avec la nervure immédiatement

---

[1] Contributions à la Fore fossile italienne. Zürich, 1860, Mémoire IV, *Pl.* V, *fig.* 6 et 7.

supérieure, envoyant des rameaux à chaque dent. Nervures tertiaires s'anastomosant entre elles de manière à former un réseau à mailles fines, irrégulières.

Cette espèce est représentée par de nombreuses folioles, le plus souvent isolées : un seul échantillon en présente deux qui sont encore attachées au rachis commun. La nervation est parfaitement conservée sur le plus grand nombre, et elle est très-caractéristique. Les nervures tertiaires ou leurs subdivisions s'anastomosent de manière à former des mailles polygonales, et, des côtés qui circonscrivent ces mailles, se détachent une ou plusieurs branches, qui, de même que les rameaux qu'elles fournissent, se terminent brusquement au milieu de la surface circonscrite.

La forme des folioles ne présente guère d'autres variations que celles qui peuvent se rencontrer sur le même pied : en général, elles sont étroites et allongées et me paraissent répondre parfaitement à la variété *australis* du *Fraxinus excelsior* et non au *Fraxinus oxyphylla*, qui se trouve aujourd'hui au bord du Lez, près du Gasconnet.

Sur quelques échantillons on voit, à côté des folioles, des fragments de rachis commun qui rappellent bien ceux de l'arbre auquel nous rapportons ces empreintes.

13. Fraxinus Ornus, L.

Feuilles composées, imparipennées; foliole terminale, cunéiforme à la base, folioles latérales ovales, lancéolées, inégales à la base, toutes brièvement acuminées au sommet ; bords dentés, à dents ovales ; nervure médiane forte; nervures secondaires au nombre de 8-10, obliques sur la nervure médiane, divisées chacune en deux rameaux qui s'anastomosent en arc avec ceux des nervures voisines. Nervures tertiaires s'anastomosant entre elles et formant un réseau à mailles lâches. Samare étroite, tronquée à la base, portant l'empreinte des 4 dents du calice ; loge subcylindrique.

Castelnau. — Gasconnet.

Les folioles que j'ai recueillies sont toutes, à l'exception d'une seule, des folioles latérales, sensiblement inégales à leur base. Quelques-unes devaient avoir de grandes dimensions, à en juger par les parties qui restent.

La foliole terminale est réduite à sa base cunéiforme, adhérente à une partie du pétiole commun. Celui-ci porte la trace de l'insertion de la paire supérieure des folioles latérales.

Comme pour toutes les espèces étrangères à la région montpelliéraine, j'ai dû apporter une grande prudence à la détermination de ce Frêne. Malgré les garanties que m'offraient les caractères des folioles, je gardais encore quelques doutes sur l'identité de l'espèce fossile et de l'espèce vivante, quand la découverte d'un fruit bien caractérisé a levé tous mes scrupules. La forme presque cylindrique de sa loge, l'épaisseur de sa base tronquée et portant l'empreinte du calice, le distinguent des fruits de nos Frênes indigènes ; il se rapporte très-bien, au contraire, à ceux du *Fraxinus Ornus*.

14. PHILLYREA MEDIA. L.

Gasconnet. — Castelnau.

Feuiles coriaces, ovales lancéolées ou oblongues lancéolées, à bords entiers ou denticulés; pédoncule court. Nervures secondaires se détachant obliquement de la nervure médiane et s'anastomosant chacune à une petite distance des bords avec un rameau descendant de la nervure immédiatement supérieure.

15. PHILLYREA ANGUSTIFOLIA. L.

Gasconnet. — Castelnau.

Feuilles coriaces, linéaires lancéolées, entières ; nervation de l'espèce précédente.

Les empreintes que j'ai recueillies présentent toutes les nuances entre les feuilles largement elliptiques, qui représentent le type convenu du *Phillyrea media* et les feuilles étroites et entières du *Ph. angustifolia*. Les échantillons intermédiaires entres les deux types ne peuvent être rapportés certainement à une espèce plutôt qu'à l'autre. Il n'est pas plus facile de distinguer entre elles les plantes vivantes de ce groupe : les formes extrêmes qui semblent caractéristiques sont reliées par des nuances sans nombre, si bien ménagées, qu'on se demande s'il y a là deux espèces distinctes ou simplement des formes d'une seule et même espèce.

La forme qui domine dans nos fossiles est celle du *Phillyrea media*. Quelques échantillons rappellent les feuilles d'olivier et ont pu faire admettre la présence de cette espèce importante parmi nos fossiles [1]. Mais

---

[1] Marcel de Serres signale cette espèce dans les tufs de Castelnau. J'ai pu m'assurer, en

le relief remarquable des nervures secondaires et leur direction caractéristique empêchent toute hésitation. Jusqu'à aujourd'hui je n'ai pas rencontré dans les tufs de nos environs la moindre trace de l'Olivier, actuellement si répandu dans toute la région méditerranéenne.

16. LAURUS NOBILIS. L.

Gasconnet. — Castelnau.

Feuilles coriaces, lancéolées, acuminées, plus ou moins ondulées sur les bords. Nervures secondaires au nombre de 8-10, obliques sur la nervure médiane, souvent munies de scrobicules à leur aisselle. Nervures tertiaires circonscrivant des aires polygonales qui contiennent un réseau à mailles très-fines. — Fruit ellipsoïde, supporté par un pédoncule court, épais, renflé à son sommet en un bourrelet circulaire. Embryon remplissant toute la capacité de la graine; deux gros cotylédons.

Cette espèce est de beaucoup la plus commune dans les tufs de nos environs; elle est représentée par des feuilles et par des fruits.

Les feuilles offrent de telles variations qu'il semble, au premier abord, difficile de les rapporter à une seule espèce. Je me suis longtemps demandé s'il ne s'y rencontrerait pas des feuilles d'autres laurinées, par exemple celles du *Laurus canariensis*, que M. de Saporta a trouvées dans les tufs de Provence et M. Gaudin dans ceux d'Italie. La comparaison de quelques-uns de mes échantillons avec les figures des *Contributions à la flore fossile italienne* (5e mémoire. Pl. I,) me semblait confirmer cette opinion: mais en examinant avec soin et à plusieurs reprises tous mes exemplaires, et les comparant avec les Lauriers cultivés dans les jardins de Montpellier, j'ai acquis la conviction que toutes ces formes appartiennent bien au *Laurus nobilis.* Les variations principales portent sur les points suivants :

1° *La forme.* Généralement oblongues lancéolées, les feuilles fossiles diffèrent considérablement par le rapport de leur largeur à leur longueur. Ce rapport, qui est de 1/2 pour quelques-unes, atteint à peine 1/4 chez

---

consultant sa collection, que c'est à des feuilles parfaitement caractérisées de *Phillyrea* qu'il applique cette détermination.

d'autres. Le plus souvent les feuilles sont légèrement atténuées à la base; quelquefois cette atténuation est très-prononcée, rarement la base est au contraire sensiblement arrondie. On voit des feuilles très-longuement acuminées; dans quelques autres la pointe terminale, très-obtuse, atteint à peine quelques millimètres; enfin, mais seulement sur des feuilles déformées, le sommet s'arrondit ou s'échancre même : dans ces cas anormaux, la nervure médiane est le plus souvent déjetée sur le côté.

2° *Les bords plus ou moins ondulés*. On observe à cet égard toutes les variations, depuis les bords complètement crispés jusqu'aux bords parfaitement planes.

3° *La direction plus ou moins oblique des nervures*. Elle peut varier de plus de 30°.

4° *La longueur du pétiole*. Généralement court et mesurant de 3 à 6 millim. environ, le pétiole atteint et dépasse même quelquefois 1 centim.

5° *La présence des scrobicules à l'aisselle des nervures*. Rien de plus variable que la présence de ces petites fossettes à l'aisselle des nervures secondaires. Beaucoup de nos feuilles fossiles en présentent de bien évidentes; d'autres n'en offrent pas même de traces; il est rare que les nervures les plus rapprochées du sommet en soient pourvues.

6° *La consistance*. Généralement très-coriaces et résistantes, les feuilles sont exceptionnellement minces et susceptibles de se laisser plier en divers sens.

Nous avons constaté toutes ces variations sur nos Lauriers actuels. Les fruits sont de grandeur différente, correspondant à des âges différents. J'en ai recueilli trois qu'on peut considérer comme adultes. Tous sont supportés par un pédoncule de 3 à 4 millim., épais, et de plus dilaté à sa partie supérieure en un bourrelet circulaire, irrégulier. L'un d'eux est un ellipsoïde passablement symétrique : la partie supérieure était détruite avant que le tuf ne l'incrustât : les dimensions de l'ellipsoïde devaient être de 12 millim. environ pour le grand axe, de 7 à 8 pour le petit. Un second figurait aussi un ellipsoïde, mais plus étroit (le grand axe ayant de 11 à 12 millim. et le petit de 5 à 6 millim.); le troisième est fort intéressant en ce qu'on peut étudier la structure intérieure du fruit. Au moment où il a été saisi par le dépôt tuffacé, l'embryon avait disparu et il ne restait de la graine que les enveloppes tapissant la face interne du péricarpe ; il en est résulté une empreinte extérieure rappelant par les parties conservées celle des deux fruits précédents, et un moule intérieur reproduisant les détails de la face interne de l'endoplèvre. On y remarque très-distinctement le sillon étroit correspondant à la séparation des deux cotylédons : il divise le moule interne en deux parties latérales sensiblement égales entre elles. Outre ces fruits adultes, j'en ai trouvé deux qui étaient arrivés à peu près au quart de leur grosseur, et qui rappellent parfaitement les formes des trois autres.

Enfin, j'ai remarqué dans plusieurs blocs l'empreinte de pédoncules isolés ; on distingue parfaitement sur le bourrelet du sommet les cicatrices laissées par les étamines et les traces du point d'attache du fruit.

17. Buxus sempervirens. L.

Castelnau. — Gasconnet.

Feuilles coriaces, elliptiques ou lancéolées, entières ; pétiole court. Nervures secondaires fines, nombreuses, se détachant de la nervure médiane sous un angle peu aigu et se divisant en rameaux d'égale force dirigés vers le bord de la feuille. — Capsule ovoïde, à épicarpe réticulé, couronné par trois pointes épaisses, courtes, déjetées en dehors ; s'ouvrant en trois valves qui portent une pointe recourbée à chaque extrémité du bord supérieur.

Les feuilles de cette espèce sont nombreuses, particulièrement au Gasconnet, à gauche de la route de Montferrier. J'ai trouvé sur ce point des blocs de tuf littéralement remplis de ces empreintes. Les feuilles, toutes facilement reconnaissables à leur consistance, à leur forme et à leur nervation, présentent quelques variations analogues à celles qu'on observe sur les Buis actuels. Les unes sont largement elliptiques ; d'autres, au contraire, sont lancéolées, étroites. Il en est une qui se fait remarquer par ses dimensions : sa longueur est de 3^c,50. Les fruits, relativement nombreux, portent presque toujours à leur base les cicatrices d'insertion de fleurs mâles, persistant autour de leur pédoncule ; la plupart sont fermés : on trouve çà et là des valves isolées, avec leurs caractères bien reconnaissables.

18. Ficus Carica. L.

Castelnau. — Gasconnet.

Feuilles épaisses, à surface scabre, palminerves; lobes plus ou moins obtus, au nombre de 3 ou peut-être de 5; bords ondulés et grossièrement dentés; pédoncules épais, arrondis, larges de 5 à 6 centimètres. Nervures principales 5-5, épaisses, occupant le milieu des lobes. Nervures secondaires recourbées en arc et s'anastomosant près du bord avec la nervure qui est au-dessus. — Fruits pyriformes ou sphérico-obovoïdes, brièvement pédonculés, parcourus dans le sens de leur longueur de côtes larges peu saillantes.

Cette espèce est principalement représentée dans les tufs par ses fruits, qui s'y trouvent avec une abondance vraiment remarquable. J'en ai recueilli à divers endroits du massif du Gasconnet et bien plus encore à Castelnau, soit au-dessous de l'église, soit au-dessous du cimetière; ils sont souvent isolés, mais quelquefois aussi groupés en petites masses; j'en ai compté au moins vingt, se touchant les uns les autres dans un même bloc du massif de l'église. La *figure* 1, Pl. III représente un groupe de quatre fruits qui ont été trouvés au Gasconnet. On peut voir que leur forme est variable: on distingue nettement sur tous l'œil de la Figue; l'un d'eux montre en outre trois petites bractées, ovales aiguës, appliquées sur son pédoncule. Les autres échantillons se rapportent plus ou moins à ces formes.

Les feuilles sont beaucoup moins abondantes que les fruits, au moins en fragments considérables: je n'en ai recueilli jusqu'à présent qu'une seule à peu près complète; encore est-ce une feuille anormale, sans lobe d'un côté de la nervure moyenne; elle est représentée Pl. II, *fig.* 4. Les autres empreintes sont si incomplètes qu'il est impossible de se faire d'après elles une idée exacte de la forme des feuilles; elles sont cependant reconnaissables aux caractères de la nervation. Remarquons, en passant, comme une indication utile pour la détermination de tout petits fragments, la manière dont se comporte la nervure secondaire qui correspond au sinus des lobes. Arrivée à une petite distance de cet angle rentrant, elle se divise en deux rameaux dont chacun longe un côté de l'angle, en diminuant peu à peu d'épaisseur.

J'ai rapporté tous les fragments que j'ai trouvés à la même espèce linnéenne, au *Ficus Carica*. Je ne veux pas cependant préjuger la question du nombre de types spécifiques à admettre parmi les formes si nombreuses du Figuier. M. Gasparrini, qui les a étudiées dans leurs détails, donne à ces formes une grande importance; il y voit même deux genres différents: *Ficus* et *Caprificus*, comptant d'après lui, l'un six, l'autre sept espèces distinctes. Je regrette que les matériaux que j'ai recueillis soient trop insuffisants pour me permettre de rapporter le type fossile à telle forme plutôt qu'à telle autre, quelle que soit d'ailleurs la valeur que l'on attribue à leurs caractères. Je donne la figure des feuilles et des fruits, à titre de matériaux qui pourront être utilisés plus tard. (Voir Pl. II et III.)

19. ULMUS CAMPESTRIS. Smith.

Gasconnet. — Castelnau.

Feuilles ovales aiguës, ou brièvement acuminées, inégales à la base, doublement dentées en scie, à dents larges recourbées vers le sommet. Nervures secondaires allant de 14 à 18, se détachant sous un angle peu aigu de la nervure principale, munies à leur aisselle d'une petite touffe de poils, se dirigeant directement vers le bord pour aboutir à une des dents, fournissant souvent un ou deux rameaux qui aboutissent à une des dents adjacentes. Nervures tertiaires fines, presque perpendiculaires aux nervures latérales, nombreuses, sinueuses, parallèles entre elles, souvent reliées vers leur milieu par des rameaux transversaux anastomotiques. Nervilles formant un réseau à mailles très-fines.

Rien de plus facile que la détermination générique de ces échantillons; j'ai hésité quelque temps pour la détermination de l'espèce: les dimensions considérables de quelques empreintes qui ont 12 centim. de long sur 6 de large; la forme oblongue de quelques autres, leur sommet souvent acuminé, pouvaient les faire rapporter à l'*Ulmus montana*, tandis que d'autres feuilles plus petites rappellent exactement par leur forme celles de l'*U. campestris*. Mais la texture de la feuille ne permet pas d'hésiter entre les deux espèces. Dans une feuille d'*U. montana*, la face supérieure est rude, toute hérissée de petits tubercules visibles à la loupe; on a peine à distinguer les nervures tertiaires, ainsi que le réseau que forment leurs subdivisions. Chez l'*U. 'campestris*, au contraire, ce réseau est très-bien marqué, absolument comme dans nos fossiles.

20. QUERCUS SESSILIFLORA. Smith.

Gasconnet.

Feuille glabre à la face inférieure, obovale, peu inégale à la base, pennatilobée, à lobes peu profonds, obtus; pétiole de 5 millim. de long. Nervure médiane bien marquée; nervures secondaires au nombre de 7, se détachant de la médiane sous un angle d'autant plus aigu qu'elles sont plus près du sommet, se prolongeant jusqu'aux bords de la feuille en occupant chacune le milieu d'un lobe; nervures tertiaires très-nombreuses, parallèles entre elles, se détachant presqu'à angle droit des nervures latérales, infléchies en leur milieu.

L'unique feuille qui représente cette espèce dans nos tufs a de très-petites dimensions : son limbe mesure à peine 4 centim. de long sur 2 de large. C'est une feuille encore jeune, mais qui présente tous les caractères du type : que ce type soit une variété du *Quercus robur*, L., ou une espèce distincte, question difficile que je n'ai pas la prétention de résoudre. L'empreinte des nervures tertiaires est si nette, qu'on ne saurait douter de l'absence d'un *tomentum* quelconque sur la face inférieure, et qu'il est par conséquent impossible de rapporter l'échantillon au *Q. pubescens*, Willd. La forme générale, le peu de profondeur des lobes, leur régularité, semblent l'éloigner d'autre part du *Q. pedunculata*.

21. QUERCUS ILEX. L.

Gasconnet.

Feuille coriace ovale, brièvement acuminée, à bords entiers. Nervure médiane forte; nervures secondaires, au nombre de 9, se détachant obliquement de la nervure médiane, se bifurquant pour s'anastomoser avec les nervures voisines.

C'est la seule feuille bien caractérisée de *Q. Ilex* que j'aie encore trouvée. Je n'ai cependant aucun doute sur sa détermination.

22. SALIX CINEREA. L.

Gasconnet. — Castelnau. — Montferrier.

Feuilles le plus souvent obovales, rarement elliptiques ou oblongues; bords entiers, ondulés ou dentés; face inférieure plus ou moins tomenteuse. Nervure médiane large;

nervures secondaires au nombre de 10-12, courbées en arcs tangents au bord de la feuille, s'anastomosant avec la nervure qui vient au-dessus; nervures tertiaires étendues obliquement entre les nervures secondaires, de manière à circonscrire des aires rhomboïdales; en outre, un certain nombre de nervures de même force que les tertiaires, se détachant sans intermédiaire de la médiane, se courbent vers le bas et vont s'anastomoser avec la nervure secondaire qui est au-dessous.

Le dernier trait de la nervation, qui est bien marqué sur les fossiles, n'est pas particulier à cette espèce. M. Gaudin le donne comme caractéristique du genre *Salix*. Les dimensions des feuilles fossiles varient de 1°,50 de largeur à 10 centim. On distingue nettement sur quelques empreintes la trace du *tomentum* qui revêt la face inférieure du limbe; sur d'autres il est beaucoup moins apparent, soit que la matière incrustante, moins fine, ait eu de la peine à pénétrer le duvet, soit que les feuilles fussent réellement moins pubescentes.

23. ALNUS GLUTINOSA. Gœrtn.

Gasconnet.

Feuille obovée, cunéiforme à la base, largement émarginée au sommet, ondulée, doublement crénelée. Nervure médiane forte; nervures secondaires munies d'une touffe de poils à leur aisselle, se détachant sous un angle d'environ 45° de la nervure médiane, légèrement courbes, aboutissant à une des crénelures du bord; nervures tertiaires nombreuses se détachant à angle droit des nervures secondaires et s'anastomosant entre elles au milieu de l'espace qui sépare deux de ces nervures.

Je n'ai rencontré qu'une seule empreinte répondant aux caractères de cette espèce; elle ne laisse pourtant aucun doute sur sa détermination.

24. ?PINUS LARICIO. — Poir. *an* PINUS SALZMANNI. Dun.?

Castelnau. — Gasconnet.

Tige munie de larges plaques irrégulièrement quadrilatères : branches écailleuses; écailles très-serrées à l'extrémité des rameaux. Chatons des fleurs mâles longs de 1 cent. à 1 cent. 50, larges, cylindriques, composés de petites écailles découpées sur le bord. Cônes relativement petits, ovales ou ovales coniques; pédoncule court et d'un faible diamètre; écusson des écailles convexe, à base rhomboïdale, transversalement carénée, muni au centre d'un ombilic ou plus rarement d'un mamelon obtus. Feuilles rangées deux par deux dans la même gaîne, convexes sur une face, canaliculées sur l'autre.

Il y a longtemps qu'on a signalé les cônes de Pins de Castelnau : ils abondent, en effet, sur quelques points du grand massif et particulièrement sous le cimetière. Beaucoup sont assez bien conservés pour donner une idée exacte de la forme générale du fruit. Les empreintes des écailles sont souvent aussi très-nettes.

A ces éléments de détermination il faut ajouter :

Des chatons mâles, de grandes dimensions, répondant complètement à ceux du *P. Laricio* ;

Des fragments de flèche terminale et des rameaux latéraux parfaitement reconnaissables à la forme de leurs écailles ;

Enfin, un grand nombre de feuilles représentées, les unes par les empreintes de leur face convexe, d'autres par celles de leur face concave, la plupart par la coupe transversale du limbe sous forme d'un petit croissant plus ou moins évidé. Quelques échantillons montrent les deux feuilles partant d'une gaîne commune. En certains endroits les feuilles se sont tassées les unes contre les autres de façon à figurer des touffes d'un gazon épais prises en place par le dépôt tuffacé. Il faut un examen attentif pour échapper à cette illusion, qui conduirait à une détermination complètement erronée.

Malgré tous les éléments de détermination qu'offrent les tufs, je n'ose pas rapporter absolument au *Pin de Corse* les fossiles de Castelnau. La région de Montpellier possède un *Pinus* décrit par Dunal sous le nom de *P. Salzmanni*, et dont quelques auteurs, MM. Grenier et Godron entre autres, ne font qu'une simple variété du *Laricio*. Il est difficile sûr un échantillon d'herbier, et à plus forte raison sur de simples empreintes, de distinguer nettement ces deux formes[1]. Il m'a semblé que les cônes du *Laricio* vrai avaient des écailles un peu plus convexes que celles du *Salzmanni*, et que, sous ce rapport, nos fossiles se rapprochaient plutôt du type pur ; mais c'est une nuance trop peu caractérisée pour servir de base à une distinction définitive.

---

[1] Nous nous proposons, mon frère et moi, de revenir plus tard, dans la Flore projetée de Montpellier, sur les caractères de ces Pins, dont la spécificité est mise en litige.

25. SMILAX ASPERA. L.

Castelnau. — Gasconnet.

Feuilles coriaces, polymorphes, cordées à la base, mucronées au sommet. 7 nervures principales, la médiane droite plus forte que les autres, les latérales diminuant de force à mesure qu'elles s'approchent du bord ; toutes fortement courbées en arc dès leur origine, reliées entre elles par de nombreux rameaux anastomotiques se détachant sous un angle presque droit, et se subdivisant eux-mêmes de manière à former un réseau compliqué, irrégulier, à mailles polygonales allongées perpendiculairement aux nervures.

Les feuilles fossiles qui se rapportent à ce type présentent, comme les feuilles vivantes, des formes extrêmement variées. Les unes sont ou cordiformes ayant la figure d'un cœur de carte à jouer plus ou moins allongé, ou ovales dans leur ensemble avec la base cordée; d'autres tendent vers la forme hastée, se rétrécissant brusquement au-dessus de la base et présentant deux oreillettes arrondies saillantes en dehors. Chez une petite feuille seulement la base est obtuse sans échancrure.

Quant à la force des nervures principales, elle varie aussi selon les feuilles; dans les grandes on distingue nettement les sept nervures; chez d'autres on n'en trouve que cinq, chez quelques-unes enfin les trois fortes nervures sont seules évidentes.

Les échantillons que j'ai recueillis présentent l'empreinte de la face supérieure de la feuille; on ne voit par conséquent point d'aiguillons sur la nervure médiane. Il est aussi très-difficile d'en constater sur les bords: il est probable que si les empreintes étaient mieux conservées, nous y verrions moins rarement la trace de ces appendices. Aussi croyons-nous devoir rapporter les empreintes au type du *Smilax aspera*, qu'elles rappellent parfaitement par la forme et la nervation. Y aurait-il dans le nombre quelques échantillons du *Sm. mauritanica*, variété inerme et à feuilles plus larges? je ne me sens pas en état de décider la question. Deux échantillons, malheureusement incomplets, rappellent par leur portion conservée les figures de M. Gaudin (tufs de Lipari. Pl. I. *fig.* 6-7), rapportées au *Smilax mauritanica*; mais ils coïncident aussi bien avec certaines feuilles très-largement ovales du *Smilax aspera*.

7

26. Typha angustifolia. L.

Gasconnet. — Fontcouverte. — Montferrier. — Clapiès.

Feuilles radicales épaisses, à base demi-cylindrique. Nervures longitudinales parallèles entre elles, nombreuses, d'inégale force; les plus fortes comprenant entre elles 5-6 nervures plus fines. Nervures transversales rarement marquées.

Les empreintes de cette plante, qui se plaît aux bords des eaux stagnantes, sont très-abondantes dans les tufs de nos environs : on les rencontre dans presque tous les bas-fonds où l'eau a séjourné. On y reconnaît quelquefois des touffes entières dont la base paraît avoir été incrustée sur place. Elles répondent bien par leur nervation aux feuilles du genre *Typha:* leur largeur peu considérable nous les fait rapporter au *T. angustifolia.* Cependant, ce caractère étant insuffisant pour la distinction spécifique, il est possible que dans le nombre se trouvent des échantillons du *T. latifolia,* qui croît dans les mêmes conditions.

27. Sparganium ramosum. Huds.

Gasconnet. — Fontcouverte. — Montferrier. — Clapiès.

Feuilles triquètres à la base, planes à leur extrémité supérieure, carénées sur leur face dorsale. Nervures parallèles d'inégale force ; les plus fortes équidistantes, comprenant entre elles 2 ou 3 nervures plus fines. Nervures transversales bien marquées à la base des feuilles, reliant entre elles les nervures les plus fortes.

Cette espèce se trouve mêlée aux *Typha*, à côté desquels elle prospérait évidemment : elle s'en distingue surtout par la forme caractéristique des feuilles et par les détails de la nervation.

28. Pteris aquilina. L.

Gasconnet.

Je n'ai trouvé de cette espèce qu'un fragment très-incomplet, mais assez bien caractérisé pour ne pas laisser de doute sur sa détermination. C'est un lobule isolé d'un lobe de la fronde, qui, par ses rapports avec la nervure médiane, sa forme et sa nervation, répond exactement à ceux de notre Fougère.

29. Scolopendrium officinale. Sm.

Gasconnet.

Fronde oblongue. Nervures secondaires se détachant de la nervure médiane sous un angle d'environ 80°, se divisant bientôt en deux rameaux qui se dirigent en divergeant à peine vers la marge de la fronde.

Je crois devoir rapporter à cette espèce un fragment d'empreinte qui représente la moitié d'une fronde, sur une longueur de 3 centim. Il est facile de reconnaître l'impression des deux rainures irrégulières qui sillonnent la nervure médiane dans sa longueur. La direction des veinules qui se portent vers les bords est aussi bien accusée, mais il faut beaucoup d'attention pour constater leur bifurcation. La largeur de la fronde en ce point devait être d'environ 3 centim.; il est impossible de rien présumer sur sa longueur.

30. Fegatella conica. Corda. (*Marchantia conica. L.*)

Gasconnet.

Expansions nombreuses, serrées les unes contre les autres, charnues, bifurquées au sommet, projetant de distance en distance des lobes latéraux arrondis, parcourus dans leur milieu par une rainure irrégulière d'où se détachent sous un angle très-aigu des rameaux courbes correspondant au milieu de chaque lobe. Face supérieure parsemée de nombreux points saillants qui répondent aux stomates.

Je n'ai rencontré cette espèce que dans la localité du Gasconnet, mais elle y est assez abondante. J'ai recueilli plusieurs échantillons de tuf recouvert de ses expansions caractéristiques. Elles sont parfaitement reconnaissables, soit par les points saillants qui les recouvrent, soit à la rainure qui les parcourt dans leur longueur.

Je n'ajouterai pas à ces déterminations celles de plusieurs espèces [1] dont je suis moins sûr, ne voulant pas surcharger mon travail de conjectures que ne justifierait peut-être pas l'examen de matériaux plus complets.

---

[1] *Rubus nemorosus? Rosa sempervirens? Populus alba? Celtis australis?*

Je ne veux pas davantage hasarder une opinion sur les fruits fossiles *à quatre valves ovales, concaves et aiguës*, décrits par Marcel de Serres [1] et qu'il avait communiqués à M. De Candolle et à M. Dunal. Celui-ci n'aurait pas été éloigné, dit-il, de regarder ces fossiles comme ayant appartenu au *Convolvulus sepium*. Je n'ai jamais trouvé dans les tufs de Castelnau d'empreintes répondant à la description de Marcel de Serres, et je n'en ai point vu dans sa collection : les éléments d'une opinion me manquent donc absolument. Peut-être retrouverai-je un jour les fruits dont il s'agit ; en attendant, je ferai remarquer qu'ils devaient appartenir à une espèce d'un autre genre que les *Convolvulus*, les fruits de ces plantes n'ayant jamais que trois valves et non point quatre.

---

[1] Je cite ici le passage tout entier du mémoire : « On trouve encore souvent dans les masses de ce tuf un fruit à quatre valves ovales, concaves et aiguës. Dans l'intérieur, ces valves sont marquées par trois sillons profonds, et leur réunion présente vers leur base un cercle relevé vers l'intérieur du fruit. Quant à la grandeur de ces fruits fossiles, elle est la même que celle du *Convolvulus arvensis*. Quoique nos fossiles se rapprochent assez du genre *Convolvulus*, ils me paraissent différer de toutes les espèces connues, par les sillons profondément imprimés dans l'intérieur de leurs valves. Malgré cette différence évidente, M. Dunal jeune, botaniste de Montpellier, connu par son excellente Dissertation sur les *Solanum*, n'est pas très-éloigné de regarder notre fossile comme ayant appartenu au *Convolvulus sepium*. M. De Candolle, dont le suffrage dans ces sortes de matière est d'un bien grand poids, n'ose pas émettre une opinion aussi affirmative, et paraît, au contraire, plus porté à regarder ces fruits fossiles comme n'ayant pas d'analogues très-évidents. » (Marcel de Serres; *loc. cit.*, pag. 172.)

CHAPITRE III

Considérations générales.

Les chapitres qui précèdent ne contiennent qu'un simple exposé de faits, isolés à dessein de toute interprétation théorique. Il nous reste maintenant à faire sortir de ces faits quelques renseignements sur les conditions physiques, la végétation et le climat de nos contrées, à l'époque où les tufs se déposèrent.

Tous les détails de cette étude peuvent se grouper autour de deux questions principales que je traiterai successivement :

1° Mode de formation de nos tufs ;

2° Relations de notre flore fossile avec la végétation actuelle.

§ I.

MODE DE FORMATION DES TUFS.

Marcel de Serres avait à peine effleuré ce problème dans son mémoire de 1818 ; M. Taupenot l'aborde franchement dans sa thèse, et voici la solution qu'il en donne :

Les tufs se sont déposés au fond d'un lac étendu dans la vallée du Lez depuis Castelnau jusqu'à Baillarguet ; un barrage, jeté entre Castelnau et Méric, maintint longtemps cette masse aqueuse à un niveau très-élevé ; puis, cette barrière s'étant rompue, les eaux s'écoulèrent et se réduisirent au petit fleuve qu'on voit encore aujourd'hui dans la vallée.

Sans adopter précisément cette solution du problème, M. de Rouville la préfère à celle qui expliquerait par un soulèvement ultérieur les changements dont notre contrée aurait été le théâtre. Il en accepte implicitement les conséquences, en indiquant dans sa Carte la formation des tufs par une teinte non interrompue de Castelnau jusqu'à Baillarguet.

Dans cette hypothèse, les massifs que nous avons décrits seraient en effet des lambeaux d'une masse primitivement continue, que les eaux auraient ensuite morcelée et couverte en partie d'alluvions.

Mais cela ne se justifie point par l'apparence des dépôts. Ils ne présentent sur leurs contours aucune trace de dénudation : ce sont évidemment des formations isolées, indépendantes les unes des autres.

L'hypothèse trop exclusive de M. Taupenot n'a pu m'expliquer davantage les différences essentielles qui existent entre les dépôts de la plaine et ceux des points élevés. La nappe d'eau tranquille sous laquelle se sont lentement déposées les strates régulières de Sauret, n'a certainement pas formé les couches si tourmentées de Méric et de Castelnau : des causes différentes peuvent seules rendre compte d'effets si dissemblables.

Ces considérations m'ont fait reconnaître de bonne heure l'insuffisance des explications généralement admises. J'ai dû en chercher une qui répondît plus complètement à mes observations, et je me suis arrêté à la suivante, qui m'a paru la vraie solution du problème.

De nombreuses sources, chargées de calcaire, existaient autrefois dans le bassin du Lez. Leurs eaux descendaient en ruisseaux ou en petites cascades sur les flancs des collines, et les incrustaient de masses épaisses de tuf ; ce sont les dépôts à couches irrégulières. Elles se perdaient ensuite dans les cours d'eau voisins, ou alimentaient de vastes mares au pied des massifs. Dans ces nappes d'eau tranquille, les matériaux entraînés se déposaient lentement, avec les dépouilles de nombreux mollusques ; ils formaient ainsi les couches régulières qui caractérisent les dépôts de la plaine.

L'existence des sources est démontrée par les caractères essentiels des dépôts les plus élevés, savoir : l'irrégularité de la stratification, la présence des mousses incrustées, la structure fréquemment tubulaire de la roche.

Reprenons un à un ces arguments.

1° *Irrégularité de la stratification.* — Ce caractère suffirait à lui seul pour justifier notre hypothèse ; quelques exemples vont nous le montrer.

Les bandes sinueuses du calcaire rubanné que le monticule de Castelnau renferme au milieu de ses masses irrégulières, sont de la même nature que les incrustations des grottes à stalagmites, et il est impossible de ne pas lui attribuer une origine analogue. Ce sont les eaux chargées de calcaire qui, en s'écoulant du sommet de l'éminence, ont formé sur ses flancs cette série de dépôts superposés.

L'irrégularité extrême des tufs du cimetière avait déjà frappé Marcel de Serres et l'étonnait beaucoup. Le désordre qu'il y constatait ne pouvait en effet se concilier avec l'hypothèse d'une nappe d'eau tranquille déposant lentement les molécules de tuf. Tout s'explique au contraire facilement par l'intervention des sources. Les couches sinueuses et légèrement inclinées ont été formées par les dépôts successifs laissés par l'eau courante, et les directions variées de ces couches indiquent les sens différents dans lesquels s'écoulaient les filets ou les nappes d'eau. Les bandes parallèles des portions les plus fortement inclinées indiquent aussi le passage de l'eau chargée de calcaire. Les intervalles de ces masses formaient quelquefois de petits bassins, où les débris de la roche étaient entraînés sous forme de sable. Ainsi s'expliquent les accumulations arénacées intercalées entre les couches de tuf.

M. de Rouville a signalé spécialement les lits sinueux de stratification qui s'étendent le long du chemin de Teyran entre Castelnau et la route de Nimes. « Ils rappellent, dit-il, ceux que M. Necker décrit dans le tuf de Montreux, en Suisse. » Le dépôt de Montreux est produit, de nos jours encore, par des sources incrustantes. Pourquoi ne pas attribuer la même origine à la formation montpelliéraine ?

Je pourrais montrer encore comment les eaux courantes ont formé les bandes irrégulières des tufs de Méric et de Lichtenstein, comment elles jaillissaient de la partie supérieure du massif de Méric pour s'écouler ensuite par petites cascades, de quelle manière elles sont intervenues partout où nous avons reconnu la présence des tufs ; mais cette répétition des mêmes faits n'ajouterait rien à notre démonstration.

2° *Présence des mousses incrustées.* — Les eaux chargées de calcaire qui s'écoulent sur les flancs des cascades, arrosent de nombreuses touffes de mousses, qu'elles couvrent rapidement de concrétions. Une lutte inégale s'établit entre l'organisme vivant et la matière brute. La plante, constamment menacée par l'envahissement du calcaire, met en jeu toutes ses forces, comme pour s'y soustraire. Déjà saisie dans sa masse centrale, et sous l'influence d'une sorte d'étiolement, elle étend au-delà des limites normales le développement en longueur de ses rameaux.

De là, pour les masses de tuf, un accroissement rapide en épaisseur, et pour la roche elle-même une structure toute spéciale. Dès leur premier âge, les rameaux se recouvrent d'une poussière tuffacée qui leur fait perdre une partie de leur souplesse, sans altérer leur couleur. Plus tard la couleur disparaît, mais les formes persistent encore dans leurs principaux détails. Ce sont ensuite «des rameaux de la nature de la pierre, qui se croisent et se pénètrent réciproquement, de manière à conserver encore l'apparence extérieure des touffes de mousse, tout en formant des masses solides de rochers hérissés de mille petites inégalités et percés d'une multitude de trous irréguliers [1].» La pétrification peut être encore plus complète. La masse conserve l'apparence générale de la touffe, mais les inégalités de la surface disparaissent sous les couches successives du tuf; elles sont remplacées par des rugosités transversales, ondulées, séparées par des sillons superficiels. Les masses les plus anciennes de la cascade de Castries m'ont présenté ces apparences, que j'avais d'abord remarquées sur le mamelon principal du Gasconnet.

Ces formes nuancées se retrouvent partout dans les tufs de Montpellier; elles y indiquent clairement l'intervention des sources et des cascades.

3° *Présence des tubes de phryganes.* — Les larves qui construisent ces tubes ne peuvent vivre dans une eau tranquille. Leurs habitudes, la manière dont se forment les couches concentriques de leur abri, exigent des eaux courantes. Leur présence atteste donc, comme celle des mousses,

---

[1] Necker; *Études géologiques dans les Alpes*, 1, 213.

l'existence des sources, auxquelles j'attribue le rôle principal dans la formation de nos tufs.

Aux environs de Castelnau, les sources incrustaient de leurs concré- tions les flancs de la colline de Bel Air, formaient le monticule du village, ceux du cimetière, de Méric et de Calanda ; elles s'écoulaient ensuite dans le petit lac de Sauret. Quand les pluies torrentielles, qui s'abattent encore sur nos contrées, enflaient la masse de leurs eaux, elles arra- chaient des fragments volumineux de la roche et les entraînaient au loin. Au pied de la campagne Jeannel, les torrents, convergeant alors de trois côtés à la fois, accumulaient ces fragments pêle-mêle et imprimaient à cette localité un caractère tout spécial de désordre.

Au Gasconnet, la principale source jaillissait auprès du moulin ; d'au- tres s'échappaient de la colline éocène qui borde la route; une nappe d'eau s'étendait dans le domaine de Lavalette jusqu'à l'embouchure actuelle de la Lironde; un marécage incrustait de ses concrétions les *Typha* et les *Sparganium* des localités intermédiaires.

Au-dessous de Baillarguet, les eaux courantes formaient la masse principale du dépôt; elles alimentaient un bassin profond dans l'espace compris actuellement entre la rivière et le canal du moulin Sijas.

Ailleurs elles se perdaient après avoir déposé leur calcaire. Les tufs du Martinet, de Montferrier, de Lavalette et de Boutonnet, ne montrent que les masses irrégulières du calcaire des sources.

D'autres localités présentaient des conditions un peu différentes. A Clapiès, au-dessous de la campagne Abel Leenhardt, un petit lac, occupant la partie occidentale du dépôt situé sur ce point, en envahissait quelquefois toute la surface; puis, se retirant dans ses limites, laissait les ruisseaux de la source reprendre leur travail d'incrustation.

Enfin, la plaine de Fontcouverte retenait dans un bas-fond les eaux chargées de calcaire. Les plantes des marécages peuplaient ses eaux sta- gnantes, tandis que les courants y entraînaient les mollusques terrestres englobés dans ses tufs compactes.

Telles étaient les conditions physiques de la vallée du Lez, pendant la

8

période de formation des tufs ; des eaux abondantes y favorisaient le développement d'une végétation qu'il nous reste à faire connaître.

§ II.

VÉGÉTATION DE LA PÉRIODE DES TUFS.

Les déterminations que nous avons données des plantes fossiles nous permettent d'esquisser les traits principaux de cette végétation.

Le Laurier, au feuillage toujours vert, devait être l'arbuste prédominant. A côté de lui prospérait l'Érable à feuilles d'Obier. L'Érable de Montpellier, le Chêne blanc, l'Yeuse, le Laurier Tin croissaient dans les garrigues couvertes de *Phillyrea*, de Buis et de fourrés de Ronces. La Clématite, la Vigne sauvage et le *Smilax* enlaçaient les arbustes de leurs festons de verdure. Le Caprifiguier se suspendait, comme de nos jours, aux flancs des escarpements. Un bosquet de Pins *Laricio* couronnait le monticule occupé maintenant par le cimetière de Castelnau ; le Buisson ardent décorait de ses grappes de corail la colline de Bel Air. Aux bords des eaux croissaient les Saules, les Aulnes, les Peupliers blancs (?), abritant sous leur ombre les *Pteris* et les Scolopendres ; le Frêne à manne y mêlait son feuillage à celui du Frêne ordinaire. Les marécages étaient peuplés de *Typha* et de *Sparganium* ; les frondes épaisses des *Marchantia* s'étendaient comme un tapis sur les parois humides des cascades.

Le tableau a subi plus d'un changement depuis cette époque. Plusieurs espèces, très-communes alors, ont disparu du bassin du Lez ; d'autres y sont devenues rares. Elles ont laissé la place à des plantes envahissantes, qui dominent aujourd'hui dans le pays et lui donnent son caractère spécial.

Le Laurier s'est réfugié sur le revers septentrional du pic de Saint-Loup et dans les rochers des Arcs, près de Saint-Martin-de-Londres. Il y forme quelques touffes perdues dans l'ensemble du paysage. Au temps de Magnol, il y a près de deux siècles, on voyait encore de cette espèce quelques échantillons près du village de Castelnau : c'étaient les derniers restes des bosquets autrefois si florissants de la vallée.

Le Laurier Tin est plus répandu dans nos environs. Il orne encore de ses magnifiques buissons quelques ravins de la Gardiole et les pittoresques rochers des Capouladoux ; mais on ne le voit plus sur les bords du Lez.

D'autres espèces ont abandonné la région de la plaine. Le Pin de Salzmann ne croît dans nos environs que sur un des contreforts de la Sérane, au-dessus de Saint-Guilhem-le-Désert ; l'Érable à feuilles d'Obier ne se retrouve que sur la chaîne principale des Cévennes.

Quelques plantes sont devenues tout à fait étrangères au pays. Le Frêne à manne, le Pin *Laricio*, l'*Acer neapolitanum*, habitent aujourd'hui des régions plus méridionales, telles que l'Italie, la Corse, les Baléares. Le Buisson ardent, moins exclusivement méridional, a laissé des traces de son ancienne existence dans le pays. Les auteurs le mentionnent dans quelques localités françaises et sur les limites mêmes de la région de Montpellier.

En résumé, sur les trente espèces que nos tufs nous ont offertes, neuf ont abandonné la vallée du Lez. Trois sont restées dans la région basse [1]; une [2] n'est représentée pour notre flore que dans les Cévennes ; quatre [3] sont sorties du pays. La neuvième [4] n'est point assez sûrement déterminée pour que je ne réserve pas la question de son habitat actuel.

Ces pertes ont été compensées par l'arrivée de nouveaux venus qui ont fait invasion dans le pays et y tiennent une place prédominante. Le *Quercus coccifera* caractérise aujourd'hui nos garrigues, auxquelles il a donné son nom [5]; les Cistes [6], les Genêts épineux [7], les Thyms, les Romarins et les Lavandes rappellent aussi à tout botaniste méridional ces vastes espaces brûlés par notre ardent soleil. Aucune de ces plantes n'est cependant représentée dans nos tufs. Ceux de Provence et d'Italie n'en contien-

---

[1] *Laurus nobilis* — *Viburnum Tinus.* — *Fegatella conica.*

[2] *Acer opulifolium.*

[3] *Acer neapolitanum.* — *Fraxinus Ornus.* — *Cotoneaster pyracantha.* — *Rubia angustifolia.*

[4] *Pinus Laricio* ou *Pinus Salzmanni.*

[5] *Garrigue* vient de *garrouille*, nom vulgaire du *Q. coccifera.*

[6] *Cistus Monspeliensis*, *C. albidus*, etc.

[7] *Genista Scorpius.*

nent non plus aucune trace. Si elles existaient à l'époque où ces masses calcaires se déposaient, elles devaient être rares ; elles n'auraient pu échapper à l'action incrustante des sources, si elles avaient été répandues avec la même profusion qu'aujourd'hui.

Malgré les modifications qu'elle a subies, la végétation des tufs de Montpellier suppose des conditions climatériques bien peu différentes du climat actuel. La culture nous a ramené toutes les espèces disparues depuis cette époque. Elles réussissent dans nos jardins et y donnent toutes des graines fertiles. Le *Fraxinus Ornus* s'échappe des endroits cultivés et devient subspontané dans nos environs. L'*Acer neapolitanum* mûrit ses fruits au Jardin des Plantes ; le *Pinus Laricio* est cultivé dans nos parcs : plus délicat que le Pin d'Alep, il supporte cependant les rigueurs de nos hivers. Enfin, le Buisson ardent est un des ornements les plus communs de nos parterres ; il est d'ailleurs spontané dans des régions voisines de la nôtre. M. de Pouzolz le cite au serre de Bouquet, dans les environs d'Alais.

Occupons-nous maintenant de l'âge relatif de nos tufs, en prenant pour termes de comparaison les travaux de MM. Heer, Gaudin et de Saporta sur diverses localités quaternaires.

Les flores étudiées par ces observateurs présentent toutes un trait commun : elles renferment une certaine proportion d'espèces éteintes mêlées à des espèces aujourd'hui vivantes. M. de Saporta signale une semblable association dans les tufs des Aygalades[1], près de Marseille, qui renferment les ossements de l'*Elephas antiquus* ; les charbons feuilletés de Durnten et d'Ustnach[2], qui se rapportent à la même époque, ont donné à M. Heer au moins une espèce sans analogue parmi les plantes de la flore actuelle ; enfin, M. Gaudin a trouvé dans les tufs de Massa-Maritima[3] 33 °/₀ d'espèces disparues. Ce caractère se retrouve dans des formations plus récentes, dans les tufs de Kannstadt[4] par exemple, qui recèlent les ossements du Mam-

[1] *Bulletin de la Société vaudoise des sciences naturelles*, tom. VI, pag. 513. Lausanne, 1860.
[2] Heer; *Charbons feuilletés*, etc., traduit par Gaudin. (Biblioth. univers. de Genève, 1858.)
[3] Gaudin, *loc. cit.*, mémoire III.
[4] Heer, *loc. cit.*, pag. 27.

mouth et du *Rhinoceros tichorhinus.* M. Heer a décrit de cette localité un
Chêne et un Peuplier entièrement perdus à notre époque.

Notre flore fossile s'éloigne à cet égard de toutes celles dont nous venons
de parler. Elle ne renferme que des espèces aujourd'hui vivantes, et se
rattache ainsi très-étroitement à la végétation actuelle. Je suis donc porté
à croire que la formation de nos tufs est plus récente qu'on ne l'avait pensé
jusqu'à présent; elle me paraît devoir être rapportée à l'époque où des
conditions climatériques analogues aux nôtres se sont définitivement éta-
blies, pour ne plus subir que des oscillations insignifiantes.

On ne saurait nous objecter les changements survenus depuis dans
notre végétation. La disparition de certaines espèces d'une région restreinte, l'apparition de quelques plantes nouvelles pour le pays, sont des
faits ordinaires et qui peuvent s'expliquer par le jeu régulier des causes
actuelles. Il n'est pas de flore locale qui n'ait éprouvé de pareilles variations depuis l'époque récente où les botanistes ont pu l'étudier pour la
première fois. Celles que nous avons signalées dans notre flore ne sont
donc nullement en disproportion avec le laps de temps qu'elles ont mis
à se produire.

L'étude de nos plantes fossiles soulève une dernière question: celle de
l'indigénat de quelques espèces cultivées dans nos pays. Sont-elles venues
de dehors? Ont-elles été prises sur place par la culture et modifiées lentement par elle?

Ce problème est toujours difficile à résoudre. En présence de cultures
anciennes, on ne saurait facilement constater si « des individus qui
paraissent spontanés, sont vraiment tels, et surtout si leur espèce a toujours
existé dans le pays.

»Des graines peuvent être sorties de champs ou de jardins; elles peuvent être restées enfermées dans un sol sur lequel jadis la plante était
cultivée. Dans les cas de cette nature, un voyageur peut prendre pour
spontanée une espèce qui est adventive ou naturalisée; ou plutôt, en
employant un mot allemand très-expressif qui nous manque: *verwildert,*
devenue sauvage [1].

---

[1] A. De Candolle; *Géographie botanique,* II, pag. 809.

Il semble que l'examen d'une flore fossile devrait lever toutes ces difficultés, en permettant de constater l'existence d'une espèce dans le pays, antérieurement à toute culture. Il reste cependant encore quelques doutes sur l'indigénat de la plante ; elle a pu disparaître du pays après la période de formation des tufs, et y avoir été ramenée plus tard par l'intermédiaire de l'homme. Tel est le cas du Frêne à manne, du Buisson ardent, de l'*Acer neapolitanum*, autrefois communs dans la région montpelliéraine, et qui ne s'y montrent aujourd'hui que dans les jardins.

Je n'ai donc pas la prétention d'apporter dans cette question des arguments d'une certitude absolue : mon seul désir est d'ajouter quelques observations à celles de toute nature qu'ont déjà rassemblées les botanistes.

Trois plantes intéressent particulièrement notre région ; ce sont : l'Olivier, la Vigne et le Figuier.

1° *Olivier.* —Cet arbre, qui caractérise la région méditerranéenne, est cultivé aux environs de Montpellier, mais il y réussit médiocrement. Bien qu'il murisse ses fruits, l'arbre est délicat, il craint les fortes gelées de nos hivers les plus froids, et ne donne qu'une bonne récolte sur deux ou trois.

On en rencontre fréquemment dans les rochers ou autour des champs une forme rabougrie (*Olœa europœa* var. *sylvestris*) connue sous le nom d'*Oléastre*. Ses rameaux sont spinescents ; ses feuilles ovales, courtes, n'atteignent presque jamais dans nos environs la longueur des feuilles normales des pieds cultivés. Ces sauvageons donnent en Provence et sur beaucoup d'autres points de la région méditerranéenne des fruits fertiles, plus petits que les olives de nos cultures ; mais autour de Montpellier ils sont presque constamment stériles et ne peuvent se propager de graine. Il est donc probable que ces arbres à forme rabougrie proviennent des cultures voisines et qu'on ne doit pas les considérer comme les représentants d'une espèce indigène qui aurait servi de souche primitive à quelques-unes de nos variétés cultivées. Cette conclusion concorde d'ailleurs avec toutes les données de l'histoire (voir A. De Candolle ; *Géographie botanique,* II, 912) qui tendent à établir l'introduction de cette espèce par la culture dans toute l'Europe occidentale. Les recherches de botanique fossile confirment ces données. M. Gaudin n'a trouvé aucune trace de l'Olivier dans les tufs d'Italie. M. de Saporta ne l'a pas non plus signalé dans les formations de la Provence. J'ai déjà dit que c'est par une erreur de détermination que Marcel de Serres l'a indiqué dans ceux de Montpellier.

2º *Figuier*. — L'origine du Figuier dans notre pays est un problème beaucoup plus complexe que celle de l'Olivier. Pour le résoudre complètement, il faudrait :

1º Trancher la question d'espèce, c'est-à-dire décider si toutes les formes des Figuiers de nos jardins et de nos bois sont des variétés ou des races de la même espèce, ce qui me paraît probable ; ou bien si l'on y peut distinguer plusieurs types spécifiques.

2º Examiner si les Figuiers cultivés et les Figuiers sauvages ou supposés tels, peuvent dériver les uns des autres, ou s'ils sont assez distincts pour qu'on doive supposer que les Figuiers de nos jardins proviennent de formes étrangères au pays.

Chacune de ces questions exigerait un examen approfondi qui ne peut trouver place dans ce travail. Je me borne à signaler un fait : c'est la présence dans notre flore fossile de Figuiers dont les fruits rappellent bien ceux de nos types sauvages; cette ressemblance parfaite me fait regarder comme très-probable que les uns sont les descendants directs des autres. M. Gaudin en a jugé de même pour les Figuiers de la Toscane; M. de Saporta signale aussi le *Ficus Carica* parmi les fossiles de Provence. Ces observations concordantes me paraissent confirmer l'opinion de M. Gasparrini[1], que diverses formes du *Ficus Carica* (ses *Ficus leucocarpa*, *Ficus Dottata* et *Ficus polymorpha*) sont spontanées en Italie. Elles infirment au contraire celle de M. A. De Candolle[2], qui serait disposé à faire dériver des cultures les échantillons indiqués comme sauvages par M. Gasparrini.

[1] *Sulla nat. del Caprifico et del Fico.* Neap., 1845.
[2] A. De Candolle; *Géographie botanique*, II, pag. 918.

3° *Vignes*. — Ici encore, comme pour le Figuier, j'écarterai la question d'origine des variétés cultivées, pour m'occuper seulement des Vignes qui, se développant loin de toute culture, dans les bois, où elles n'ont jamais été volontairement apportées par l'homme, peuvent paraître réellement spontanées. Proviennent-elles des cultures ou sont-elles indigènes? M. A. De Candolle[1] admet comme patrie originaire bien constatée de la Vigne, la région inférieure du Caucase au nord et au midi de la chaîne, l'Arménie et le midi de la mer Caspienne. Il ajoute qu'elle se sème et se naturalise aisément dans les contrées tempérées de l'ancien Monde. D'autres auteurs, M. Lavalle entre autres[2], croient qu'il serait possible de lui attribuer une aire beaucoup plus étendue, et admettraient volontiers qu'elle est originaire des contrées tempérées de l'Europe aussi bien que de l'Asie centrale. M. Henri Marès, dont l'autorité sur ces matières ne saurait être contestée, regarde comme indigènes les Vignes qui paraissent sauvages dans nos bois[3]. Les études fossiles viennent à l'appui de cette idée; elles révèlent des traces évidentes de la Vigne, tant en Italie (Gaudin) que dans nos environs. Les feuilles de cette espèce trouvées dans nos tufs sont d'ailleurs trop peu nombreuses pour qu'il soit permis de décider d'après elles à quelle forme ou variété de notre Vigne sauvage actuelle elles pourraient se rapporter.

Je termine ici cet Essai sur les Tufs de Montpellier; il est bien loin d'avoir épuisé le sujet, et laisse encore place à de nombreuses recherches. Beaucoup d'espèces végétales sont probablement cachées dans les couches superposées de nos calcaires. Je ne cesserai pas de les recueillir et de les déterminer; mais il m'a semblé que le caractère général de notre flore fossile ressortait déjà suffisamment des observations précédentes, et que je pouvais, sans trop me hasarder, en tirer quelques conclusions. Je les ai exposées et discutées dans le chapitre précédent. J'en donne ci-après un résumé qui permettra de les embrasser d'un coup d'œil.

---

[1] A. De Candolle; *Géographie botanique*, II, pag. 919.
[2] Lavalle; *Des grands vins de la Côte-d'Or*. Dijon, 1859, pag. 8.
[3] *Le livre de la Ferme*. 1863, 8e fascicule.

CONCLUSIONS.

1° Les tufs des environs de Montpellier forment dans le bassin du Lez des massifs indépendants les uns des autres.

2° Leurs relations avec les terrains de la période quaternaire sont extrêmement obscures.

3° On reconnaît dans les tufs deux ordres de dépôts : les uns, sans stratification régulière, où dominent les roches formées par précipitation chimique et les fossiles végétaux ; les autres, régulièrement stratifiés, dont les fossiles sont principalement des coquilles terrestres et d'eau douce.

4° Des sources abondantes chargées de carbonate calcaire ont joué le principal rôle dans la formation des tufs. Leurs eaux, après s'être écoulées sur les flancs des massifs, formaient le plus souvent des bassins étendus où vivaient des mollusques d'eau douce, et au fond desquels se déposaient les couches successives de dépôts stratifiés.

5° De nombreux débris végétaux ont laissé leurs traces dans cette formation : on n'y trouve jamais que leur empreinte ou leur moule, le tissu ayant complètement disparu.

6° Les tubes serpuliformes qui caractérisent certains blocs de tufs, et qu'on a pris quelquefois pour des moules de racines, ne sont autre chose que les abris incrustés d'une larve de *Rhyacophila* que je propose d'appeler *R. toficola*.

7° Les plantes de la période des tufs appartiennent toutes à des espèces actuellement vivantes ; plus des deux tiers (21 sur 30) habitent encore les environs de Montpellier.

8° Les espèces qui ne se retrouvent plus aujourd'hui dans le pays, habitent presque toutes des régions plus méridionales, principalement

9

lement à la péninsule Italienne. Elles peuvent cependant prospérer dans nos jardins, y donner des fleurs et des graines fertiles.

9° Les conditions climatériques de la période de formation de nos tufs ne devaient pas être sensiblement différentes de celles d'aujourd'hui.

10° Le dépôt de nos tufs paraît postérieur à l'établissement de l'ordre de choses qui caractérise l'époque actuelle.

11° Le Figuier et la Vigne vivaient dès cette époque à l'état spontané dans le bassin du Lez ; il semble en résulter que les individus de ces espèces qu'on trouve de nos jours en dehors des champs cultivés sont bien réellement indigènes et non pas échappés des cultures environnantes.

12° L'Olivier ne se trouve nulle part dans les tufs de Montpellier. Tout concorde à faire supposer que cette espèce caractéristique de la région méditerranéenne n'est point spontanée dans nos pays.

APPENDICE.

NOTE sur une nouvelle espèce de PHRYGANIDE.

Les mœurs des Phryganides ont depuis longtemps attiré l'attention des naturalistes. Les habitudes de leurs larves, enfermées presque constamment dans des abris protecteurs, excitèrent de bonne heure la curiosité : elles étaient déjà connues d'Aristote. Ces insectes avaient inspiré à Vallisneri une série d'observations, lorsque Réaumur appliqua à leur étude l'exactitude et l'habileté qui donnent tant de valeur à toutes ses œuvres. Son mémoire sur « *les Teignes qui se font des fourreaux dont l'extérieur n'est pas lisse* », contient de nombreuses et fréquentes observations sur les actes principaux de la vie des larves de Phryganides. Malgré ces recherches et celles de de Geer, qui, par ses descriptions et ses figures, facilita l'établissement d'une classification ; malgré les travaux de nombreux entomologistes occupés depuis lors à grouper systématiquement les espèces de cette famille, leur histoire laissait encore d'énormes lacunes. M. Pictet les a comblées en grande partie dans ses *Recherches pour servir à l'histoire et à l'anatomie des Phryganides*. L'auteur de ce travail resté classique a fait plus que décrire de nouvelles espèces, il a découvert et caractérisé un groupe entier essentiellement différent de celui des Phryganes vraies. Tandis que celles-ci se construisent un étui mobile, qu'elles n'abandonnent qu'exceptionnellement et qu'elles traînent partout avec elles, les autres se bâtissent une demeure immobile qui leur sert de retraite et d'où elles peuvent sortir pour aller chercher leur nourriture. Les genres *Rhyacophila* et *Hydropsyche* établis par le savant naturaliste de Genève, comprennent les espèces de ce nouveau type.

C'est à ce groupe qu'appartiennent les insectes que j'ai observés dans le parc de Castries, et qui me sont dès aujourd'hui assez connus pour que je puisse assigner la place de cette nouvelle espèce ; mais les circonstances ne m'ont pas encore permis de réunir les éléments d'un travail complet. Je n'ai observé ni la nymphe ni la structure du cocon ; ne possédant qu'un seul exemplaire de l'insecte parfait, je n'ai pu entreprendre l'examen minutieux des parties fragiles ; je n'ai étudié que la larve avec quelques détails.

Pour ces raisons, je renvoie à l'été prochain un travail définitif, et je me borne à donner aujourd'hui le résultat de mes observations depuis le mois de juin dernier.

Faisons d'abord connaissance avec les caractères extérieurs de l'insecte ; nous le suivrons ensuite dans ses habitudes.

La larve est à peu près cylindrique et mesure environ un centimètre de longueur.

La *tête* est fauve, avec la partie antérieure brune ; elle est obliquement inclinée à l'axe du corps, mais elle peut se relever ou s'abaisser de manière à se placer dans la direction de cet axe ou à former avec lui un angle droit. Le *crâne* vu par sa face supérieure a la forme d'un carré long ; il porte sur les côtés et en avant deux points noirâtres que l'on reconnaît être des ocelles. A sa partie antérieure s'articulent ou s'attachent diverses pièces de la bouche, savoir : le *labre* ou *lèvre supérieure*, membraneux, large, légèrement échancré au milieu de son bord antérieur et arrondi de chaque côté ; les *mandibules*, larges à la base, fortement arquées, à sommet aigu, munies dans leur moitié supérieure de deux dents inégales et, au-dessous, de nombreuses dentelures très-fines ; les *mâchoires,* composées : 1° d'une pièce basilaire charnue, adhérente à la base également charnue de la lèvre inférieure et sur la même ligne, et 2° de deux appendices cornés, l'un supérieur, triangulaire, aigu au sommet, et muni sur ses bords de cils raides et courts ; l'autre inférieur, composé de cinq articles inégaux, celui qui adhère à la portion charnue étant beaucoup plus large que les autres ; la *lèvre inférieure,* composée d'une base charnue largement ovale, et d'une partie supérieure plus étroite, elliptique, servant de filière et munie à son sommet de deux petits tubercules écailleux, situés de chaque côté. La filière est bien développée, aussi longue que la partie basilaire, et atteint presque le niveau de la pièce triangulaire des mâchoires.

Le *corselet* est recouvert à sa partie supérieure d'une pièce cornée, fauve, bordée de noir, légèrement déprimée au milieu; les côtés sont infléchis pour embrasser les flancs, les bords latéraux et postérieur sont relevés; ce dernier est légèrement échancré sur son milieu. Le *mésothorax* et le *métathorax* ressemblent aux premiers anneaux de l'abdomen : ils sont comme eux d'apparence dermoïde, d'un blanc un peu jaunâtre, cylindroïdes, à peine aplatis.

Les *pattes* sont fauves, munies de poils raides, isolés; les tarses ont toujours trois articles, terminés par un petit crochet. Les pattes antérieures sont un peu plus courtes que les intermédiaires; celles-ci ont presque la longueur des postérieures : elles sont toutes d'égale grosseur.

L'*abdomen* se compose de neuf articles, cylindroïdes, d'un blanc sale, parsemés de poils isolés. Ils sont distincts les uns des autres, et leur volume décroît d'une manière à peu près uniforme jusqu'au huitième inclusivement.

Le neuvième anneau est beaucoup plus étroit que les précédents, il se termine par deux appendices armés chacun d'un crochet; ces deux appendices se composent d'une pièce largement ovale attenante à l'anneau, et d'une partie cylindrique plus longue et plus étroite, obliquement tronquée à son extrémité postérieure, de manière à former deux angles inégaux, l'un aigu sur lequel s'articule le crochet mobile, et l'autre obtus garni d'un faisceau de trois à quatre poils.

Le neuvième article porte en outre sur sa face dorsale un paquet de sacs branchiaux (généralement cinq), en forme de doigts de gant, très-rétractiles; les trachées y aboutissent par deux ou trois de leurs divisions.

L'insecte parfait est très-petit : sa longueur, y compris les ailes, est d'environ 7 millimètres. Il a, comme tous ses congénères, l'apparence d'une petite Phalène; sa couleur générale est d'un gris fuligineux, avec des points noirs marqués à la face supérieure des ailes. Les antennes sont filiformes, égalant à peine la longueur des ailes. Les palpes maxillaires ont cinq articles inégaux : les deux premiers très-courts, le troisième aussi long que les deux premiers réunis, le quatrième un peu plus court que le troisième, le cinquième ovoïde allongé, de la longueur du troisième. Les ailes supérieures n'ont pas de nervure transverse; les inférieures , à peine plissées , sont au moins aussi larges que les supérieures.

Les caractères tirés des palpes maxillaires de l'insecte parfait, rapprochent cette espèce du genre *Rhyacophila* de Pictet, et l'éloignent de ses *Hydropsyche*. La forme et la largeur relative des antennes me paraissent aussi celles des Rhyacophiles ; la largeur des ailes inférieures , légèrement plissées , serait la seule objection à cette détermination générique.

L'examen des larves a laissé la détermination indécise entre les deux genres. Les organes de la respiration placés en paquet sur le dernier article, la disposition des appendices terminaux , le nombre des dents des mandibules , le développement de la filière, la forme du labre, rappellent les *Hydropsyche* à branchies ; la consistance dermoïque du mésothorax et du métathorax est un trait commun aux larves des Rhyacophiles et des *Hydropsyche* sans branchies ; enfin, la forme et la disposition des mâchoires est tout à fait celle des Rhyacophiles. Je n'ai pu examiner les cocons pour savoir s'ils ont une ou deux enveloppes. Quand tous les éléments seront connus, il y aura peut-être lieu d'établir un genre intermédiaire entre *Hydropsyche* et *Rhyacophila*. En attendant , comme les caractères de l'insecte parfait doivent primer ceux de ses autres états, et qu'ils rapprochent surtout notre espèce des *Rhyacophila* , je la rapporterai provisoirement à ce genre, et lui donnerai le nom de *toficola*, qui indique la station où vit exclusivement la larve.

J'ai découvert le *Rhyacophila toficola* au commencement de juin 1863. A cette époque , les larves étaient abondantes sur les flancs de la petite cascade de Castries , et leurs tubes s'y montraient en grand nombre.

Ces tubes, rappelant par leurs sinuosités ceux des serpules, sont fermés en cul-de-sac à leur partie inférieure, et ouverts à leur sommet, de telle façon que l'eau qui s'écoule le long des parois de la cascade pénètre dans leur intérieur et les parcourt dans toute leur longueur. Ils sont quelquefois isolés, plus souvent on en voit un certain nombre pressés les uns contre les autres ou même enchevêtrés entre eux. Leur longueur est variable : la moyenne est de 4 à 5 centim.; leur diamètre peut atteindre 7 à 8 millim.; l'animal y est toujours tout à fait à l'aise, et peut s'y mouvoir dans toutes les directions.

Les tubes semblent d'abord formés d'une espèce de glaire parfaitement transparente, à travers laquelle on peut suivre tous les mouvements de la larve ; mais ils s'incrustent peu à peu par l'action de l'eau calcarifère où ils sont placés. Il se forme d'abord de petites plaques polygonales, irrégulières, qui s'appliquent directement sur la paroi intérieure ; puis de nouvelles couches, exactement semblables à la première, se placent au-dessus d'elle, et le tube présente après quelque temps l'apparence de ceux que nous avons rencontrés dans les tufs anciens.

La larve n'abandonne guère l'abri qu'elle s'est construit. Elle monte et descend avec vivacité, ou bien s'établit au fond, accrochée par ses appendices terminaux. Dans cette position, elle meut continuellement sa tête de haut en bas, la bouche appliquée contre les parois, et en détache par le frottement de petits débris de tuf. Je n'ai pu constater si l'insecte avale quelque matière organique, ou s'il se borne à nettoyer les parois de sa demeure de façon à les laisser toujours perméables à l'eau. Je l'ai vue quelquefois plonger sa tête entière dans les fragments accumulés au fond du tube, et les expulser violemment à travers les parois. Aussi ces abris restent-ils d'ordinaire beaucoup plus transparents à leur partie inférieure que partout ailleurs.

Pour voir les larves à l'œuvre, j'ai détruit plusieurs fois diverses portions de leur demeure. Elles se sont toujours mises au moment même à réparer les brèches. J'ai souvent ouvert le fond d'un tube glaireux. Le tube s'affaisse alors immédiatement ; la larve se dirige vers la brèche, porte rapidement la tête dans tous les sens, et le tube se relève presque aussitôt : en un instant tout est réparé. Il en est de même quand on ouvre le tube dans sa longueur : on voit la larve exécuter aussitôt une série de mouvements, portant sa tête de droite à gauche et de gauche à droite, et les deux bords de la fente se trouvent bientôt réunis.

Si l'on détruit complètement l'abri d'une larve, elle cherche à s'établir ailleurs. On en voit toujours quelques-unes hors des tubes, en quête d'une place convenable pour leur demeure. Elles s'en vont évitant les courants d'eau, qui les entraîneraient infailliblement. Elles tâtonnent longtemps avant de se décider. J'en ai vu seulement quelques-unes prendre leur résolution et s'établir définitivement. Une entre autres, rencontrant une espèce de gouttière formée par un fragment de tube incrusté, commença par le déblayer des débris de tuf qui l'encombraient, puis se mit à filer. Elle assura d'abord le fond de sa future demeure au moyen d'une cloison transversale ; puis, jetant ses fils d'un bord de la gouttière à l'autre, elle établit au-dessus une voûte qui compléta son abri. En une heure de travail, le tube ainsi construit avait un centimètre de long.

Toutes les larves ne sont pas aussi laborieuses ; il en est qui, avant de travailler pour leur compte, cherchent à s'emparer de l'œuvre des autres. J'en ai vu plusieurs essayer de s'introduire par la violence dans les abris de leur voisines. J'avais un jour détruit complètement un tube, pour forcer la larve qui l'occupait à travailler sous mes yeux. Chassée de son abri, elle court çà et là pendant dix minutes, puis elle s'engage au milieu d'un amas de tubes, et, avisant l'extrémité inférieure de l'un d'eux encore parfaitement transparent, elle le déchire largement d'un coup de mandibule. Le propriétaire de la demeure ainsi menacée accourt immédiatement sur la brèche, il écarte l'ennemi à coup de mâchoires et le repousse après un combat d'une minute ; puis, sans perdre de temps, il se hâte de réparer les dommages. L'assaillant revint deux fois à la charge, mais il ne parvint pas même à attaquer les parois, et s'éloigna enfin pour se perdre dans un autre amas de tubes.

Je n'avais vu que des larves au commencement de juin. Le 20 du même mois, j'aperçus au fond des tubes de petits cocons incrustés de tuf ; j'en plaçai quatre ou cinq sur une feuille de papier buvard constamment imbibée d'eau, et je les recouvris d'une cloche, ayant soin de leur donner de l'air de temps en temps. Quelques jours après, un insecte parfait était sorti de l'un des cocons. Ce fut le seul que je pus obtenir.

Cependant les larves continuaient à vivre en abondance sur les flancs de la cascade. Le 3 juillet, j'en trouvai beaucoup, mais je ne vis plus de cocons au fond des tubes. Au mois d'août, la sécheresse avait fait baisser la source de la Cadoule, et la cascade n'avait plus d'eau. Les tubes étaient à sec et les insectes morts dans leur intérieur. Au mois de septembre, des pluies abondantes avaient ramené l'eau, mais rien n'annonçait encore le retour de mes larves. Je désespérais presque de les revoir, quand je les retrouvai vers la fin d'octobre. Elles étaient déjà grandes : leurs abris étaient moins longs qu'en été ; la plupart étaient encore occupées à filer. D'ailleurs elles étaient moins nombreuses qu'au mois de juin ; je n'ai vu nulle part des agrégations de tubes semblables à celles que j'avais auparavant observées.

J'ai appris que la cascade se dessèche à peu près chaque année. Je ne sais quel est alors l'état de ces insectes, et dans quelles conditions ils traversent ces périodes habituelles de sécheresse complète.

J'étais aussi curieux de savoir comment les larves peuvent supporter les froids rigoureux de quelques-uns de nos hivers. Il me semblait les voir enveloppées dans leurs tubes d'une couche solide de glace, et je me demandais comment elles pouvaient vivre dans ces conditions. Les premiers jours de janvier m'ont offert l'occasion de résoudre ce petit problème : le 5, il avait gelé à 12° ; je me hâtai d'aller à Castries. Un vaste manteau de glace recouvrait la cascade, mais je m'aperçus immédiatement que, à l'abri de cette couche peu conductrice, l'eau s'écoulait librement sur les parois et que les tubes étaient par suite dans les conditions normales. Les larves allaient et venaient comme d'ordinaire, sans paraître nullement impressionnées par cet abaissement de température, excessif pour nos climats.

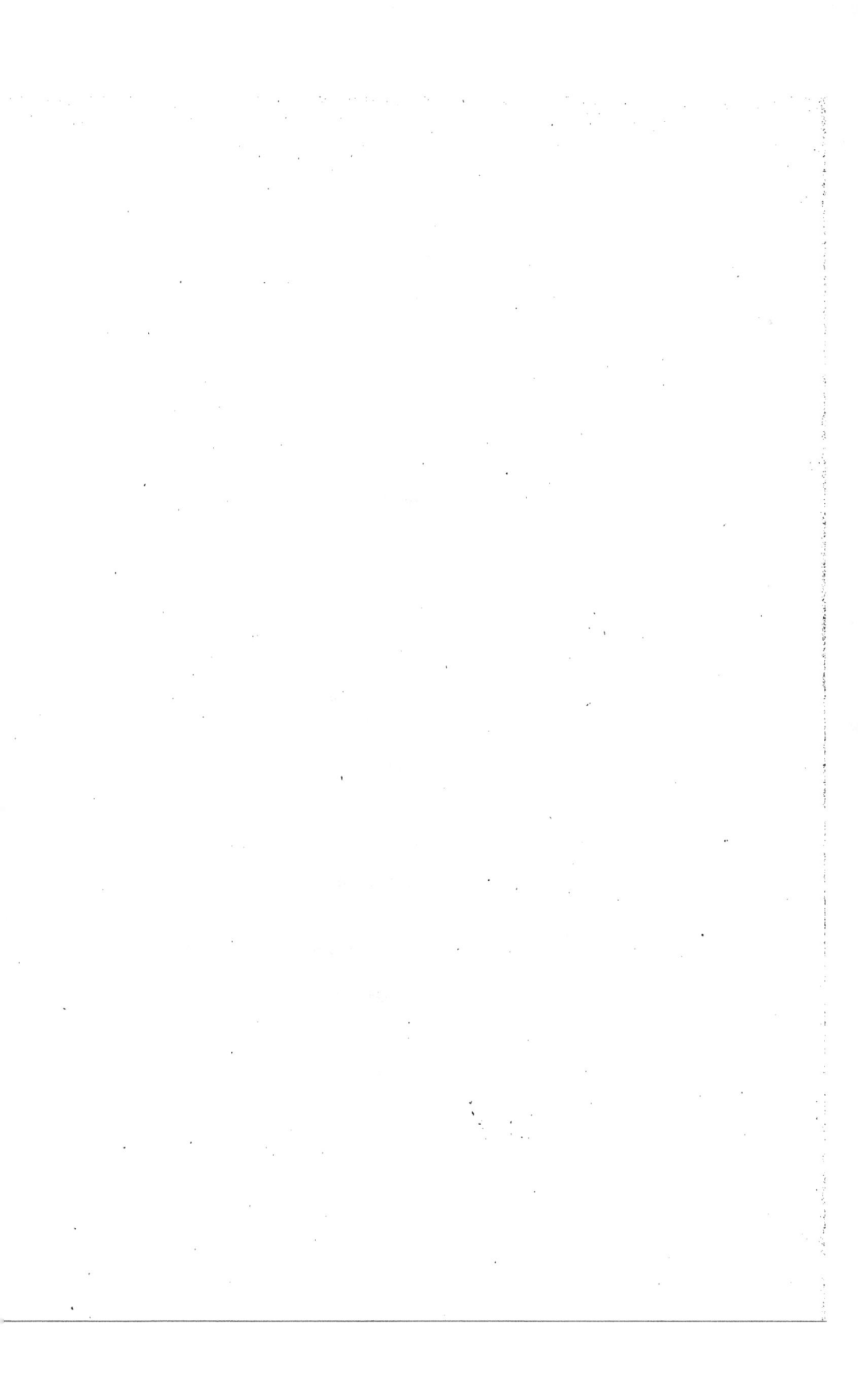

EXPLICATION DES PLANCHES.

PLANCHE I.

Carte de la région des Tufs de Montpellier.

Le tracé de cette carte est, à part quelques modifications, extrait de la *Carte routière et vicinale de l'arrondissement de Montpellier*, dressée par M. Fenouil, agent-voyer en chef. La délimitation des terrains secondaire, tertiaire et volcanique est basée sur les indications de la *Carte géologique des Environs de Montpellier*, par M. Paul de Rouville.

PLANCHE II.

1. Feuille d'*Acer opulifolium.*
2-3. Feuilles d'*Acer neapolitanum.*
4. Feuille de *Ficus Carica.*
5-6. Feuilles de *Vitis vinifera.*
7. Feuille de *Phillyrea media.*

PLANCHE III.

1. Groupe de figues (1ª, 1ᵇ figues isolées de ce groupe).
2 et 2ª. Fruit du *Laurus nobilis.*
3-4. Coupes prises dans le massif du cimetière de Castelnau.
5. Larve grossie de *Rhyacophila toficola* (5ª un des appendices du dernier anneau avec quelques sacs branchiaux; 5ᵇ patte très-grossie).
6. Insecte parfait de *Rhyacophila toficola* (6ª tête et partie antérieure du thorax; 6ᵇ patte grossie; 6ᶜ base des antennes).
7. Tubes serpuliformes des tufs de Castelnau (7ª et 7ᵇ fragments de tube grossis pour montrer la structure des parois).

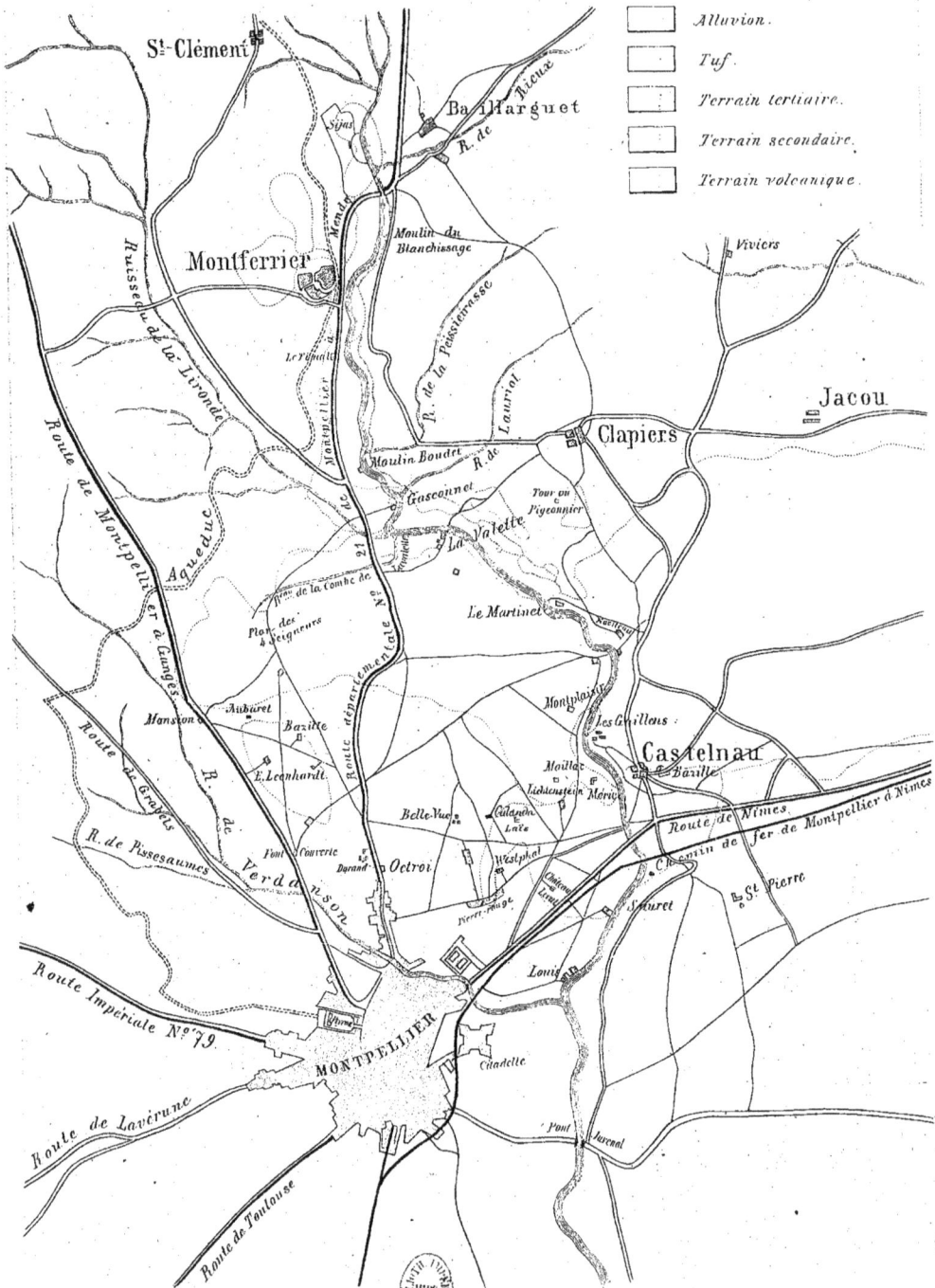

St-Clément

Baillarguet

R. de

Sijus

Viviers

Moulin du Blanchissage

Montferrier

Jacou

Le Vignate

R. de la Poussierasse

R. de Laurial

Aqueduc

Moulin Boudet

R. de

Clapiers

Route de Montpellier

Gascounet

Tour ou Pigeonnier

Ruisseau de la Lironde

La Valette

Route départementale N° 21 de Montpellier à

Plan de la Combe de

Le Martinet

Martinet

Plan des 4 Seigneurs

Montplaisir

Les Guillous

Route de Montpellier à Ganges

Mansion

Auburet

Bazille

Castelnau

Bazille

Route de Grabels

E. Leenhardt

Moillac

Lichtenstein Mériez

R. de Pissesaumes

Belle-Vue

Aiglanou Luec

Route de Nîmes

R. de Verdanson

Pont Couverte Durand

Octroi

Westphal

Chemin de fer de Montpellier à Nîmes

Vert-Bois

Château Levat

St Pierre

Route Impériale N° 79

Louis

Sauret

Rhone

MONTPELLIER

Citadelle

Pont Juvenal

Route de Lavérune

Route de Toulouse

ÉCHELLE

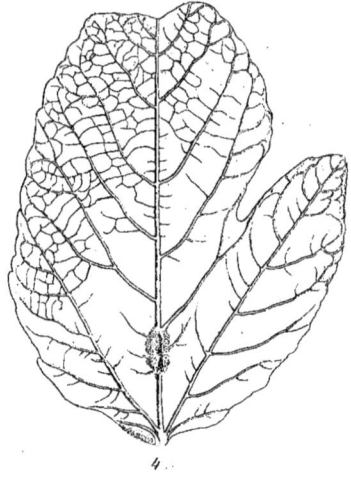

1.

4.

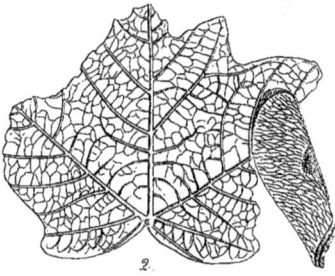

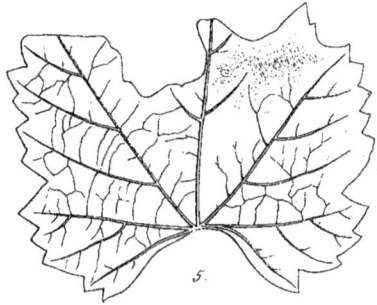

2.

5.

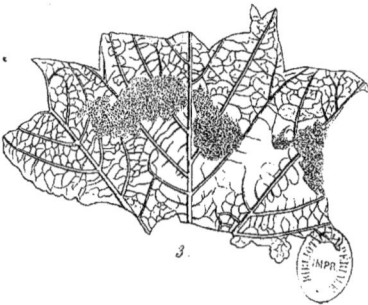

3.

6.

7.

Eg. Planchon. del.

Lith. Boehm & Fils, Montpellier.

Pl. III.

VI

V^b

VI^b

VII^a

V

VII^c

V^a

II^a

II.

I^a

I^b

I.

VII^b

VII.

VII^a

IV.

III.

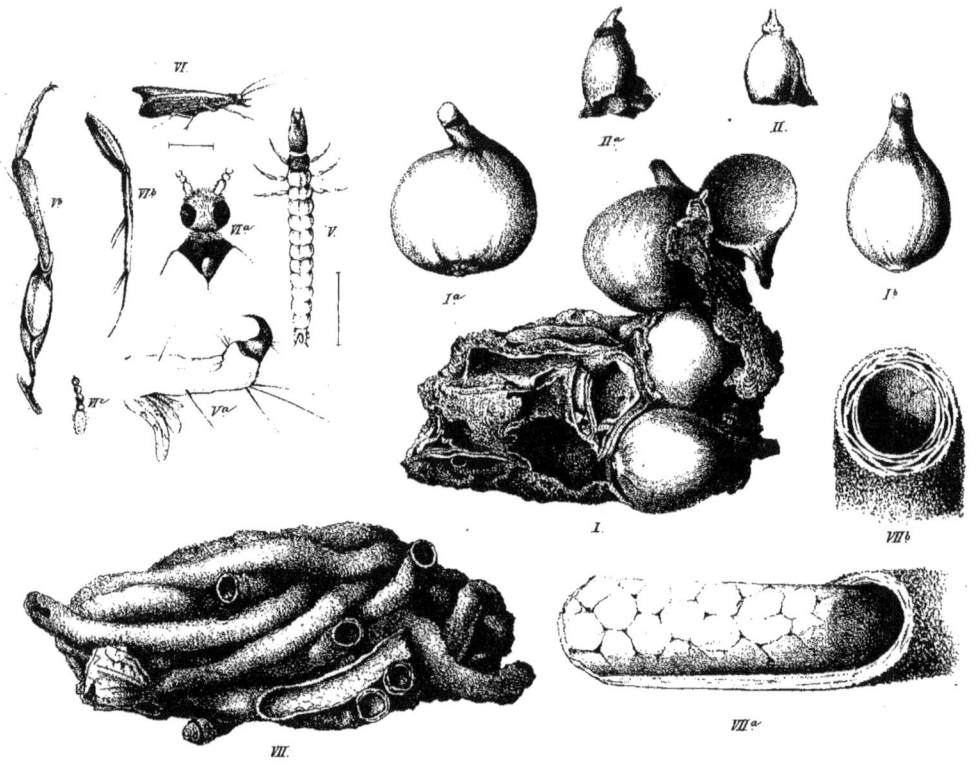

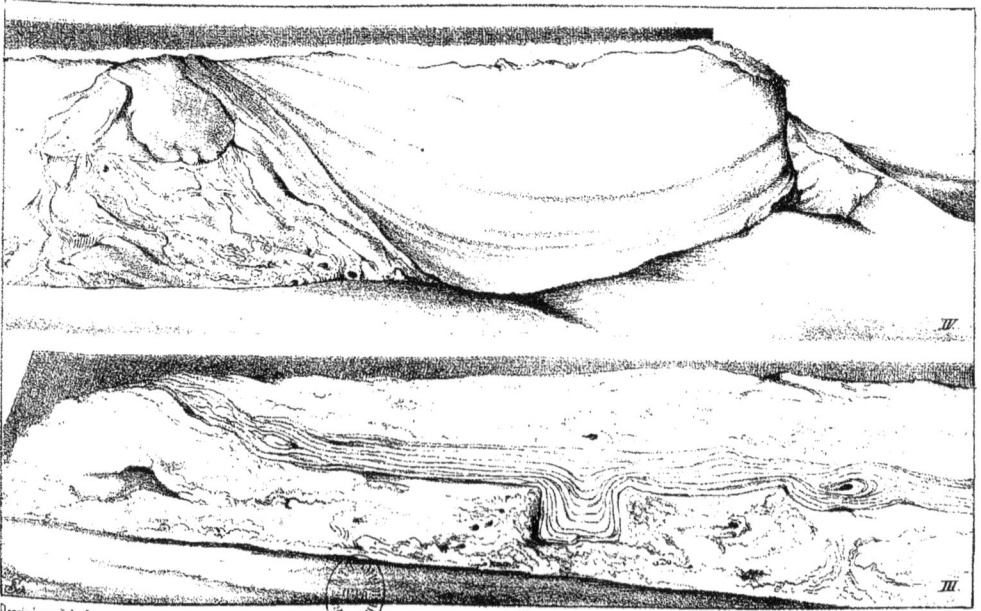

Dessiné par J. de Seynes.

Lith.Boehm &.Fils, Montpellier.